Radar BIT Status Monitoring and False Alarm Suppression Technology

雷达BIT状态监测与虚警抑制技术

胡文华 刘利民 郭宝锋
薛东方 徐 艳 朱常安 著

北京理工大学出版社
BEIJING INSTITUTE OF TECHNOLOGY PRESS

内容简介

本书针对雷达BIT技术中存在的状态监测点设置不合理、监测深度不够、虚警率高等问题，从雷达监测点优化设计、整机性能监测、虚警机理分析与虚警抑制等方面进行了理论与技术研究，主要内容包括雷达智能BIT技术、雷达状态监测点的优化与诊断策略设计、雷达智能BIT整机性能监测、雷达BIT系统结构模型及虚警分析、BIT系统虚警抑制技术。

本书可为雷达BIT设计、监测以及故障诊断领域人员提供理论基础与方法指导，也可为高校人才的培养提供理论和技术支撑。

图书在版编目（CIP）数据

雷达BIT状态监测与虚警抑制技术 / 胡文华等著. --北京：北京理工大学出版社，2023.3

ISBN 978-7-5763-2274-3

Ⅰ.①雷…　Ⅱ.①胡…　Ⅲ.①雷达信号处理-设备状态监测-研究 ②恒虚警检测器-研究　Ⅳ.①TN957.51

中国国家版本馆CIP数据核字（2023）第064452号

出版发行 / 北京理工大学出版社有限责任公司
社　　址 / 北京市海淀区中关村南大街5号
邮　　编 / 100081
电　　话 / （010）68914775（总编室）
（010）82562903（教材售后服务热线）
（010）68944723（其他图书服务热线）
网　　址 / http://www.bitpress.com.cn
经　　销 / 全国各地新华书店
印　　刷 / 北京捷迅佳彩印刷有限公司
开　　本 / 710毫米×1000毫米　1/16
印　　张 / 12.25
字　　数 / 160千字
版　　次 / 2023年3月第1版　2023年3月第1次印刷
定　　价 / 78.00元

责任编辑 / 多海鹏
文案编辑 / 闫小惠
责任校对 / 周瑞红
责任印制 / 李志强

前言

现代雷达涉及多学科和应用领域，随着各种高新技术的应用，雷达呈现复杂化、精密化和自动化的发展趋势，对其测试性和维修性也提出了更高的要求。在提高雷达测试性和维修性的众多措施中，机内测试（Built-in Test，BIT）技术是近年来最成功、最有效的技术手段，是复杂电子装备整体设计、分系统设计、状态监测、故障诊断、维修决策等方面的关键共性技术，是改善雷达测试性、提高诊断能力和维修效率的重要途径。在当前雷达 BIT 技术中，存在状态监测点设置不合理、监测深度不够、虚警率高等问题，这些问题一直阻碍着雷达 BIT 效能的充分发挥和更广泛、更深入的应用。为解决常规 BIT 中存在的各种问题，急需得到智能 BIT 技术的支持，特别是在状态监测与虚警抑制方面。本书重点介绍雷达装备智能 BIT 状态监测和虚警抑制技术。

全书共分 6 章：第 1 章是绪论，介绍了国内外 BIT 技术发展概况，分析了 BIT 技术中的状态监测和虚警问题；第 2 章是雷达智能 BIT 技术，介绍了雷达 BIT 的分类与性能，从 BIT 的层次模型、状态监测系统、综合故障诊断系统 3 个方面介绍了雷达智能 BIT 的实现方式；第 3 章是雷达状态监测点的优化与诊断策略设计，介绍了基于故障树分析（FTA）和基于多信号流图（MSFG）模型的监测点优化与诊断策略设计，可以在满足故障检测率和故障隔离率的基础上减少监测点，优化诊断方案；第 4 章是雷达智能 BIT 整机性能监测，结合 ATE 与 BIT 的发展趋势介绍整机性能监测的理论与方法，分析雷达天线馈电线系统、接收系统、发射系统、天线控制系统等典型系统中整机性能监测原理与方法；第 5 章是雷达 BIT 系统结构模型及虚警分析，建立了两种 BIT 系统结构模型，分别从两种诊断模型的相关参数出发，分析了不同诊断方法对参数的影响及导致 BIT 系统产生虚警的机理，给出了降低雷达 BIT 虚警的思路与技术途径；第 6 章是 BIT 系统虚警抑制技术，介绍了基于传感器数据证实与检测融合的虚警抑制技术以及基于高斯包络线性调频自适应信号分解（AGCD）快速算法的广义似然比信号检测降噪技术。

本书由陆军工程大学石家庄校区电子与光学工程系组织编写，由胡文华、刘利民、郭宝锋、薛东方、徐艳、朱常安著，付强、赵喜、史林、尹园威参与编写。

随着雷达及相关智能 BIT 技术的不断发展，一些新的理论和方法不断涌现，同时由于作者水平所限，本书在编写过程中难免存在疏漏和不足之处，恳请读者批评指正。

著　者

2022 年 10 月

目　录

第1章 绪论

1.1 雷达BIT技术概述

随着电子技术和计算机技术的迅猛发展，各种高新技术相继应用到雷达装备的设计与生产中，现代雷达呈现日益复杂化、精密化和自动化的发展趋势，其组成越来越复杂，功能越来越强大，随之而来的问题是系统的测试和维修变得越来越困难。测试性和维修性对装备的作战能力、生存能力、保障费用等产生很重要的影响，迫切需要武器装备本身具备检测、隔离故障的能力，以缩短维修时间。正因为如此，采用自动检测、在线测试手段对雷达系统的内部运行情况进行状态监测及故障诊断成为雷达领域研究的一个新方向。有关资料表明，在美国雷达研究机构中，有一半人从事雷达本体研究，另一半人从事支持和保障工作，其中最主要的是进行自动测试及自动检测技术的研究，这也反映了这种新的研究趋势。

在提高装备测试性和维修性的众多措施中，BIT技术是近三十年来最成功、最有效的技术手段。所谓BIT技术，是指装备内部提供的检测、诊断或隔离故障的自动测试能力，它利用涉及被测单元内部的机内测试设备（Built-in Test Equipment，BITE）或自动测试硬件或软件对被测单元全部或部分进行测试。BIT 技术是复杂电子装备整体设计、分系统设计、状态监测、故障诊断、维修决策等方面的关键共性技术。BIT 技术自 20 世纪 70 年代初开始应用，之后发展迅速，通过 BIT 自动检测和隔离故障，能够提高故障诊断的精确性，显著缩短系统或设备的平均修复时间（Mean Time to Repair，MTTR）；通过 BIT 可以减少维修人员的数量，降低对维修人员的技术要求，进而提高武器装备的战备完好率和出勤率；BIT 技术对高效保持和发挥装备的作战效能，大幅度降低维修保障费用具有重要意义。

BIT 技术从发展初期就引起了各国的普遍关注，现已应用于军用飞机、雷达、舰船、战车、民用高科技产品等诸多领域。研究表明，在复杂航空系统中，当采取手工方式进行基层级设备检测时，设备测试、故障检测和隔离需占用 30%~60%的维修时间，应用 BIT 技术则可降低 50%的维修时间。美军综合数据统计也表明，在武器装备的全寿命周期费用中，使用与保障费用占总费用的 72%，而使用先进的 BIT 技术则可大大降低这一比例。美国在这一领域研究最早、开展时间最长，研究内容也最为深入，美军 F-15、F-16、F-18、F-22、F-35（A、B、C 型）战斗机，F-117 隐形战斗机，B-2 轰炸机，M1 主战坦克，AN/TPQ-36、AN/TPQ-37 型全向炮位侦察雷达，波音 767 和波音 777 等都大量采用了 BIT 技术。欧洲一些著名军工企业生产的先进武器装备中也采用了 BIT 设计，如瑞士厄利空-康特拉夫斯公司生产的“防空卫士”火控系统，不但性能世界一流，而且测试性设计相当完备，在国际武器市场上极受欢迎。

我国雷达专家、学者以及使用与研制机构等都在 BIT 技术的理论与应用方面做了深入的研究，在提高雷达的可靠性、可测性、可维修性与可操作性方面做了大量卓有成效的工作，BIT 技术在简化雷达装备的维修过程、提高装备的保障效率、降低装备的保障费用、保持和发挥装备的作战效能方面起到了重要的作用。然而，总体上我国 BIT 的理论、技术和应用水平不高。与 BIT 具体实现技术相比较，由于侧重型号任务中的 BIT 应用，因此 BIT 的基础理论和方法研究显得相对薄弱，BIT 的应用仍然处于常规 BIT 的水平。常规 BIT 存在最突出的问题是故障诊断能力差、虚警率高、不能隔离间歇故障等。这些问题严重降低了 BIT 诊断结果的可信度，影响了使用和维修人员对 BIT 的信任，阻碍了 BIT 效能的充分发挥和更广泛、更深入的应用。当前雷达 BIT 的研究与应用存在状态监测点设置不合理、状态监测深度不够、虚警率高等问题，主要体现在以下 3 个方面：

①状态监测点设置不合理，没有对监测点实现优化设计。雷达属于大型复杂系统，要对雷达系统的所有故障模式实现在线监测与诊断是不可能的。一方面，雷达 BIT 在设计时受故障检测率与故障隔离率等指标的影响，往往会使监测诊断系统复杂化，当片面追求故障检测率时，出现监测点冗余现象；另一方面，BIT 系统设计时对故障原因、故障模式考虑不够，当故障检测率下降时，又发现监测点不够。如何平衡这两者之间的关系，进行状态监测点的优化选择，实现对雷达系统运行状态的有效监测，做到隔离故障、定位准确，是一个值得探讨的问题。

②状态监测深度不够，在无明显故障征兆的情况下不能对雷达的整机性能进行有效监测。雷达整机性能指标的好坏直接关系到雷达效能的发挥，对整机性能的监测是衡量雷达是否处于最佳工作状态的主要手段。通常，雷达的状态可以分为正常状态、异常状态和故障状态 3 种情况。正常状态是指雷达整体或其局部没有缺陷，或虽有缺陷但其性能仍在允许的限度以内。异常状态是指缺陷已有一定程度的扩展，使雷达相关信号发生一定的变化，性能已经劣化，但仍能维持工作。此时，雷达应在监护下运行，开始制订相关检修计划。故障状态是指雷达性能指标已明显下降，不能维持正常工作的情况。一种情况是常规 BIT 不能对雷达的整机性能进行监测，有些整机性能下降的异常状态任其发展会导致灾难性故障，因此有必要监测整机性能指标的变化；另一种情况是常规 BIT 无故障征兆或故障指示，而雷达却出现功能故障（如雷达无法发现目标、跟踪失败或跟踪不稳定），这是因为雷达的整机性能出现问题，其往往不是某一部分出现硬

故障的问题，而是系统整机性能参数变化（或调整不当）的问题。造成这一问题的原因是没有对雷达的整机状态进行有效监测。

③虚警率高，虚警问题严重。雷达 BIT 系统中虚警率高是一个共性的问题，是阻碍 BIT 进一步发展和应用的主要原因之一，如何降低和防止虚警是 BIT 技术中亟待突破的关键问题。究其原因可能在于：装备 BIT 设计过程中，考虑较多的是 BIT 的故障检测率和故障隔离率，对 BIT 虚警问题分析不够；具有 BIT 设计的装备一般尚未或刚刚投入使用，缺乏 BIT 的实际使用数据和经验；对 BIT 虚警问题的系统性分析与研究不够等。从国内来看，由于 BIT 技术发展较晚，目前仍然缺乏 BIT 的实际使用数据和经验，对虚警问题分析不够，这方面的资料相对缺乏。目前虽然各种智能 BIT 技术在 BIT 虚警抑制理论和应用方面取得了较为明显的效果，但在智能 BIT 研究中仍存在以下问题：雷达 BIT 虚警原因分析仍主要是工程经验的总结，从机理上对虚警问题的分析不够，并且缺乏定量的理论分析；单纯地强调故障检测率和故障隔离率，而没有从故障诊断过程的实质去考虑如何提高 BIT 故障诊断能力、降低虚警率。

目前，雷达装备中的 BIT 已具有基本的功能，需要解决常规 BIT 中存在的各种问题，急需得到智能 BIT 技术的支持，特别是在状态监测与虚警抑制方面。智能 BIT 状态监测与虚警抑制相关问题对雷达系统的 BIT 设计具有重要价值，对提高雷达的维修性、测试性和完好性方面具有重要意义。

1.2 国内外 BIT 技术发展概况

1.2.1 BIT 的应用与发展

BIT 的研究和应用开始于美军航空电子设备。20 世纪 50 年代末期，美国为机载雷达等装备配置了简易的 BIT 装置，用于检测设备中的少量故障。20 世纪 60 年代，BIT 增加了故障隔离能力，能够检测重要的功能故障，并将故障隔离到外场可更换单元（Line Replaceable Unit，LRU）。20 世纪 70 年代，BIT 技术得到了迅速发展，性能大大提高，包括 BIT 在内的测试理论和方法也逐步建立起来。事实上，早期的航空电子设备为了增强自身的系统可靠性，有关重要部件就有了分散的自检，它通过附加在系统内的硬件电路对其进行在线的自动检测，这种技术逐渐发展成一门独立的学科——BIT 技术。BIT 技术可以改善电子装备的测试性、维修性，减少故障查找及隔离时间，以及降低对外部测试设备的要求。

BIT 技术一出现，美国军方就高度重视，并开展了大量工作。美国海军 1976 年率先实施 BIT 设计指南；美国国防部 1978 年颁发《设备或系统的 BIT、外部测试、故障隔离和测试性特性要求的验证及评价》（MIL-STD-471A），规定了 BIT 验证及评价的方法及程序；1983 年颁发《系统及设备维修性管理大纲》（MIL-STD-470A），承认 BIT 及外部测试不仅对维修性设计特性产生重大影响，而且影响武器系统的采购及寿命周期费用；1985 年专门颁发《电子系统及设备测试性管理大纲》（MIL-STD-2165），规定了武器装备中测试性的管理、设计、分析和验证等方面的要求。1993 年 MIL-STD-2165 的修改版 MIL-STD-2165A《系统及设备测试性大纲》将测试性、BIT 扩展到除了电子系统之外的其他各类系统和设备。1995 年美国国防部将 MIL-STD-2165A 改编为 MIL-HDBK-2165《系统和设备测试性手册》。2001 年，IEEE 颁布了 IEEE STD 1149.6《高级数字网络的边界扫描标准》。2004 年，IEEE 颁布了 IEEE P1522《可测性与诊断性特征和测度标准》、IEEE P1598《测试需求模型（TeRM）标准》、IEEE P1636《维修信息收集与分析接口（SIMICA）标准》等。随着片上系统（System on Chip，SoC）、片上网络（Net on Chip，NoC）和微机电系统（MEMS）等产品出现，超大规模嵌入式系统的测试问题成为测试学界的研究热点。2005 年，IEEE 基于 IEEE Std 1149.1 颁布了 IEEE STD 1500《嵌入式芯核的测试标准》，近期 IEEE 又颁布了 IEEE STD 1500《基于边界扫描的可编程器件的嵌入式系统配置标准》。

伴随着一系列标准的制定和执行，BIT 技术从 20 世纪 80 年代迅速应用于飞机、雷达、舰船、战车等诸多领域，得到了前所未有的快速发展，并逐步扩展应用于其他军用电子产品和民用高科技产品。BIT 技术在发展的过程中经历了 3 个阶段：第一阶段主要是根据相关经验、设计指南等，按照电路系统的具体要求，通过在电路内部增加一定的测试电路实现 BIT；第二阶段结构化 BIT 逐渐成熟，该阶段以 BIT 体系结构设计技术和边界扫描技术为主要特征，层次 BIT 是该阶段 BIT 结构设计的主流，很多先进的装备均采用这种结构，如 F-16、F-22、F-35 等，一些民用系统，特别是航空系统中也广泛采用这种设计；第三阶段智能 BIT 逐渐成为 BIT 技术的主流，主要针对常规 BIT 的设计不够完善，当装备常规 BIT 的武器系统投入外场使用后，性能下降，远远满足不了设计要求，普遍存在故障检测率和故障隔离率低、虚警率高、故障不能复现、重测合格率高等问题。美国空军作战试验和评估中心对 APG-63（F-15）、APG-66（F-16）及 APG-65（F-18）雷达 BIT 的分析表明，这些 BIT 的诊断能力仅达 50%~70%，虚警率高达 65%，从武器系统拆下的外场可更换单元大约有 70%是没有故障的。

为解决上述问题，美国一些科研机构组织力量进行有关研究，分析电子系统故障产生的原因，探索故障检测及诊断的方法，逐渐形成了较为系统的理论和方法。特别是 20 世纪 80 年代中期以后，随着大规模集成电路在电子装备中的广泛应用，以及人工智能理论的发展及应用，BIT 技术的发展进入一个新阶段——智能 BIT（Intelligent BIT）。

1.2.2 智能 BIT 技术

智能 BIT 就是将包括专家系统、神经网络、模糊理论、信息融合等在内的智能理论应用到 BIT 的设计、检测、诊断、决策等方面，提高 BIT 综合效能，从而降低设备全寿命周期费用的理论、技术和方法。

智能BIT的概念由美国罗姆航空发展中心（RADC）的Dale W. Richards于1987年首次提出，当时的主要目的是把人工智能理论引入BIT的故障诊断中，解决常规BIT不能识别间歇故障的问题。在智能BIT概念提出之前，美国曾于1984年提出一个类似的概念——灵巧BIT（Smart BIT）。1984年，RADC与Grumman航空公司签署了“Smart BIT”计划，于1985年完成，并形成一份总结报告“Smart BIT”（RADC-TR-85-148）。该灵巧BIT主要包括综合BIT、信息增强BIT、改进决策BIT、维修历史BIT 4个部分，重点在于用不同来源的多方面知识（内部测试数据、外部环境参数和暂态监控等）对BIT的结果做出更为可靠的判断，以代替原来简单的“YES/NO”判断机制，从而提高BIT的能力。在“Smart BIT”的基础上，RADC于1989年完成了“Smart BIT-2”项目，该项目主要研究自适应BIT技术，包含K最近相邻算法、BP神经网络算法、瞬态监测器的马尔科夫模型。美国空军莱特实验室于1985年实施的“宝石柱”计划，以及后来的“宝石台”计划，使BIT技术得到更大的发展。计划包含综合诊断专家系统、时间-应力测量模块和维修接口系统，该综合诊断专家系统通过记录时间-应力测量模块的数据，综合各种因素进行决策，能提供较强的机内故障测试和隔离能力，系统内各LRU的BIT故障检测率达到99%，故障隔离率也达到98%。1992年，RADC与Raytheon公司开展的神经网络虚警滤波器（NNFAF）的技术研究，进一步使智能BIT技术走向成熟。Raytheon公司在NNFAF项目基础上，于1996年完成了美国国防部高级研究计划局（DARPA）和美国陆军联合策划的“全球卫星通信维修（GMM）”合作项目，设计开发出一种基于BIT设计的综合决策和维修专家系统。它结合故障历史数据库、专家系统、趋势分析和异常检测工具库、维修记录数据库等，以卫星通信为手段，把军队维修中心的维修数据、专家知识、更新软件传输到野战维修终端，增强了前方维修终端中BIT的决策能力，降低了虚警率和误拆率。

智能BIT技术是降低MTTR，提高电子装备系统可靠性、维修性和战备完好性的一项关键措施。20 世纪 50 年代，美国火控/监视雷达的平均故障间隔时间（Mean Time Between Failures，MTBF）仅有 2～10 h，20 世纪六七十年代也只有 50～100 h，20 世纪 80 年代后由于广泛采用集成电路，特别是智能 BIT 技术的研究与应用，雷达可靠性明显提高，其 MTBF 达到 1 000 h；美军 F-16 飞控维修诊断系统（FCMDS）中采用了智能 BIT 技术，使其诊断时间缩短了 26%，诊断精度提高了 92%，没有误拆的设备；波音 777 的中央维修计算机上采用了基于专家系统的智能 BIT 技术，该项技术使波音 777 比波音 747-400 节省 30%～40%的费用。目前智能 BIT 得到了更进一步的发展，在硬件数量限制的条件下，尽量运用软件检测的方法，软硬件相结合，检测范围更广，虚警率更低。例如，F-35 战斗机为了避免诊断技术中较高的虚警率，在综合核心处理器中采用故障预测与健康管理（PHM）智能软件程序，其可经常监控机内检测和来自子系统的参数信息。这种多层次结构的高智能系统利用填埋在机身各处的传感器采集飞机系统状态的技术数据，由高级管理器利用人工智能技术对这些数据进行推理分析，确定系统提供的信息是否为真，从而有效地消除虚警并预测故障。BIT 的检测范围更广，逐步扩展到结构、子系统、任务系统、虚拟存储器系统、发动机、信号和联合分布式信息系统。随着电子技术和计算机技术的发展，BIT 理论和技术研究呈现以下趋势：

①BIT 与 ATE（Automatic Test Equipment，自动测试设备）相融合。BIT 的重要功能是把设备故障隔离到 LRU 或 LRM（Line Replaceable Module，外场可更换模块），而 ATE 的功能是把 LRU 或 LRM 中的故障隔离到 SRU（Shop Replaceable Unit，内场可更换单元），它们之间在使用上是相互配合的。一方面，由于受软硬件增量限制，BIT 不可能完全完成性能监测，达到较高故障隔离率的要求，而 ATE 正朝着小型化、模块化、便携化、通用化方向发展，电子集成度的提高使 ATE 小型化甚至芯片化成为可能，这有利于 ATE 进一步嵌入 BIT 系统，充分体现了 ATE 向 BIT 融合的特性；另一方面，随着 BIT 功能的更加强大，其逐步具备了很多原来

ATE 才具备的故障检测、隔离、定位功能。高速计算机和集成电路性能的提升，使 BIT 在短时间内能够处理大量信息，BIT 故障覆盖率大大增加，故障定位更加快速、准确。目前美国正努力把包含专家系统在内的人工智能用于 BIT，这样可在 BIT 允许的 10%软硬件增量范围内，大大提高 BIT 故障定位精度，同时减轻 ATE 的故障定位负担。

②建立综合诊断系统。综合诊断是提高武器系统诊断能力的关键，也是测试性和 BIT 的进一步发展目标。它的目标是接近 100%的故障检测和隔离，实现系统恢复、外场更换及野战级和后方级修理。发展综合诊断技术，充分利用外部自动测试设备、维修人员经验、各种技术信息等弥补 BIT 的不足，使整个装备的故障检测和隔离的准确率接近 100%。

③人工智能应用于 BIT。传统 BIT 的单一算法不能准确、完整地反映系统的状态信息，往往由“错报”或“假报”造成虚警。20 世纪 80 年代中后期，神经网络与专家系统等智能理论和方法逐步发展，将其应用于 BIT，可使 BIT 具有连续监控、自动重构、知识余度、学习机制等特点，以期提高诊断效率，减少 BIT 虚警。目前，BIT 智能化设计，BIT 信息智能化处理，BIT 智能诊断、决策，以及 BIT 智能故障趋势预测等领域的研究成果已陆续见诸报道。

总之，下一代 BIT 肩负的任务不仅限于检测、诊断，还包括控制、保护，具有综合状态监测、复杂故障诊断、精确故障定位、系统状态控制、关键部件保护等多种功能，其结构日益复杂，功能日渐强大，正发展为集状态监控、故障诊断、控制决策于一体的智能综合系统。

1.2.3 我国 BIT 技术现状

我国 BIT 技术起步较晚，从 20 世纪 80 年代中后期开始，BIT 的研制主要集中在大型电子系统中，其中最为典型的是各式雷达系统和机载设备。中国航天科工集团、航天测控中心、中国航空工业发展研究中心等多家机构都进行了研究，并取得了比较突出的成果，在 BIT 研究领域积累了相当多的研究经验，形成了自己的 BIT 设计体制和规范。BIT 的理论研究主要由大专院校完成，以国防科技大学、北京航空航天大学、南京航空航天大学等单位为代表，相继出版了一些关于 BIT 技术的专著，发表了许多关于 BIT 技术的学术论文。例如，航空信息中心的张宝珍、曾天翔对智能 BIT 技术的产生、原理、技术特点、国外的发展发表了综述性的论述；田仲、石君友对 BIT 的设计技术、虚警问题及降虚警率方法进行了详细的分析；温熙森等人总结了本单位及国内外 BIT 的最新研究成果，阐述了智能 BIT 的理论与技术问题，重点对 BIT 的智能设计、智能检测、智能故障诊断和智能决策 4 个方面进行了阐述，并对这 4 个方面国内外最新应用实例进行了分析；邱静等人对机电系统机内测试降虚警率技术进行了研究。

1.3 相关技术发展概况

一般情况下，BIT 应完成系统监测、系统检查与故障隔离 3 种功能。BIT 技术包括 BIT 的设计、检测、诊断与决策 4 个方面，且这 4 个方面是互相补充、相互融合的关系。BIT 状态监测（本书主要介绍雷达监测点的优化与整机性能监测）属于 BIT 的设计与检测方面的内容，虚警问题贯穿于 BIT 技术的 4 个方面。

1.3.1 BIT 状态监测

状态监测可定义为一种监测设备运行特性的技术或过程，通过提取故障特征信号（故障先兆）、被监测特性的变化或趋势信号，用于严重故障发生前预知维护的需要，或者评估设备的“健康”状况。状态监测与故障诊断不是等同的概念，状态监测是故障诊断的基础，统一于同一动态系统当中。状态监测的任务是判别系统是否偏离正常功能，监测其发展趋势，预防突发性故障发生。一旦系统偏离正常状态，则应该监测系统的哪个环节出现故障，进一步查明故障形成的原因和确切部位，这就是故障诊断。状态监测有的文献也称状态监控，认为状态监控的基本任务一般包括设备运行状态监测、状态异常检测以及异常的早期预报与控制。

设备状态监测有以下3种典型的形式：

①离线定期监测方式。测试人员定期到现场用传感器依次对各测点进行测试，并用存储设备记录信号，数据处理在专用计算机上完成，或是直接在便携式内置微机的仪器上完成。这是当前监测仪器普遍采用的方式，采用该方式，测试系统较简单，但是测试工作较烦琐，需要专门的测试人员。由于是离线定期监测，设备不能及时避免突发性故障。

②在线监测离线分析的监测方式，亦称为主从机监测方式。在设备上的多个测点均安装传感器，由现场微处理器从机系统进行各测点的数据采集和处理，在主机系统上由专业人员进行分析和判断。相对第一种方式，该方式免去了更换测点的麻烦，并能在线进行监测和报警，但是该方式需要离线进行数据分析和判断，而且分析和判断需要专业技术人员参与。

③自动在线监测方式。该方式不仅能实现自动在线监测的工作状态，及时进行故障预报，而且能实现在线数据处理和分析判断。该方式技术最先进，无须人为布置测点，同时不需要专门的测试人员，也不需要专业技术人员参与分析和判断。

自动在线监测方式是状态监测的发展方向，也是智能BIT技术普遍采用的方式。随着传感器技术和信号处理技术（如各种滤波技术、谱分析技术）的日益成熟，在智能化理论（如神经网络、专家系统和信息融合）的基础上，结合以信号采集、数据分析为主的计算机辅助监测和诊断技术，设备的状态监测与故障诊断、故障预测进入智能化发展的新时代。

智能监测与故障诊断技术的发展历史虽然短暂，但在电路与数字电子设备、机械设备等方面已取得了令人瞩目的成就，丹麦、美国、德国、日本等发达国家的专家学者对状态监测技术进行了深入研究，研制出了不同系统。在机械设备方面，以丹麦B&K公司的2520型振动监测系统、美国

BENTLY 公司的 3300 系列振动监测系统、美国亚特兰大公司的 M6000 系统为代表，这些系统已经达到较高的水平。在电路和数字电子设备方面，美国麻省理工学院研制了用于模拟电路操作并演绎故障可能原因的 EL 系统，美国海军人工智能中心开发了用于诊断电子设备故障的 IN-ATE 系统，波音公司研制了诊断微波模拟接口 MSI 的 IMA 系统，意大利米兰工业大学研制了用于汽车起动器电路故障诊断的系统，此外，我国也对该系统进行了研制，如哈尔滨工业大学等单位联合研制的 3MD-Ⅰ、3MD-Ⅱ、3MD-Ⅲ系统，西北工业大学的 MD3905 系统，西安交通大学机械监测与诊断研究室的 RMMDS 系统，重庆太笛公司的 CDMS 系统，浙江大学的 CMD-Ⅰ、CMD-Ⅱ系统，华中理工大学研制的用于汽轮机组工况监测和故障诊断的智能系统 DEST 等。

雷达 BIT 状态监测可从根本上实现雷达装备基于状态的维修和预防性维修。目前，雷达的维修主要是事后维修，维修保障在维修技术手段的革新和维修器材的研制上投入了很多精力，围绕如何快速诊断故障和如何完整修复故障，人们研制了大批检测和故障诊断设备。但是，事后维修有可能造成故障的连锁反应，蒙受更大损失。解决这一问题的方法就是基于状态的维修，通过对装备进行状态监测，实时诊断并报告故障，及时进行维修。这种方法可以避免严重的突然事故，从而提高雷达的安全运行率，增加可靠工作时间。对于预防性维修，目前主要是定期维修，维修周期的确定以统计失效率为依据，这样的维修周期与其实际工作情况不尽相符，这样的定期检修影响其效能。如果对关键部位进行实时状态监测，在故障前发现相关前兆，就可以进行预防性维修。设备从定期维修发展到基于状态的预防性维修，可以减少备件量，延长检修周期，缩短检修时间，提高雷达的平均故障间隔时间（MTBF）。因此，状态监测是实现基于状态的维修和预防性维修的根本出路。

以上这些有利于提高 BIT 的状态监测深度，增加 BIT 系统检测与隔离故障的能力。

在雷达 BIT 的故障定位中，除了将故障定位到最小可更换单元、模块或电路单级外，还有一类故障也是必须处理的，这就是我们所说的系统性故障或者说雷达的整机性能。ATE 向 BIT 的融合，使雷达 BIT 对整机性能的状态监测成为可能。国外雷达的 BIT 设计已经能对整机性能进行有效的监测，如美国的 AN/TPQ-36、AN/TPQ-37 型全向炮位侦察雷达本身装有机内测试设备和故障诊断系统，其具有完善的状态监测功能，能对部分整机的性能进行监测。

雷达状态监测点的优化选择问题属于 BIT 设计技术的范畴，是 BIT 测试性的问题。早期的雷达由于其结构较简单，监测点的选择往往比较容易。随着装备越来越复杂，要对雷达系统的所有故障模式实现在线监测与诊断是不可能的，此外，为了实现高的故障检测率和故障隔离率而使监测诊断系统复杂化，这会给雷达系统本身的性能带来更大的负面影响，因此在雷达 BIT 状态监测与诊断系统实现中，监测点的选取至关重要。如何用最少的监测点，实现对雷达系统运行状态的有效监测，做到故障隔离、定位准确是监测诊断系统实现的关键。目前，具有代表性的测试性模型有 ARINC 公司的信息流模型（IFM）、Queltech 公司的多信号流图（MSFG）模型和广义随机 Petri 网（GSPN）模型。在 BIT 设计过程中，利用这些模型进行测试选择和诊断策略设计，确定 BIT 故障诊断时需要的测试和优化诊断方案，不仅可以减少测试费用，提高 BIT 诊断效率，而且可以在一定程度上减少虚警的发生。

总之，在状态监测方面，我国在理论上跟踪国际发展状况比较及时，但由于各方面的原因，在设备状态监测与故障诊断系统及其可靠性等方面与国际先进水平仍有一定差距。在设备结构复杂、工作环境恶劣、干扰信号繁杂等场合下的状态监测与故障诊断方面，国内还处于起步阶段，虽然国内一些企业和科研单位相继研制开发了一些故障诊断仪器，并已投入工业生产当中，但这些状态监测与故障诊断设备距离国外同类产品还有一定的距离。

1.3.2 BIT 虚警问题

1.3.2.1 虚警问题现状

BIT 发展过程中，虚警问题一直是其技术发展和应用的重大难题。国内外应用的研究结果表明，虚警率高是 BIT 应用中存在最突出的共性问题之一。美国 RADC 于 1981 年发表的报告中，根据两类航空电子系统（每个系统收集 30 架飞机的使用情况）一年的现场数据分析显示，飞行中 BIT 故障指示有 22%~50%为Ⅱ类虚警，剩下的还有近 1/3 为Ⅰ类虚警，即 BIT 故障指示中正确的故障检测率、故障隔离率为 35%~52%。美军 F-15 战斗机的机载电子系统 BIT 在使用过程中发现存在严重的虚警问题，根据美国空军作战试验和评估中心的分析报告，这些 BIT 的诊断能力仅达到 50%~70%，虚警率高达 85%；美国海军研制和生产的欺骗式电子干扰系统 ALR-126 和 ALR-45 中的 BIT 系统，在实际使用过程中，其故障不能重现率达到 30%以上；据 1991 年的外场统计数据显示，F-16C 战斗机因虚警造成的重测合格率平均高达 40%；美国海军海洋司令部进行的研究显示，从武器系统拆下的外场可更换单元约有 70%无故障；从 F-16A 的使用数据分析显示，由虚警等问题造成的误拆良好设备数据使其武器投放系统的战备完好率降低 20%，9 个关键系统的虚警问题使 F-16A 的战备完好率降低 10%。2000 年美国海军军械中心发现F/A-18C/D 战斗机的 BIT 系统的虚警率高达 88%，并且维修过程中 75%的不能重现现象是由 BIT 系统所导致，从而增加了维修负担。2009 年有关资料显示，F-22A 虽然具有某些 BIT 管理软件模块，可用于监控来自特定系统的 BIT 数据，但因未形成多层结构和高级管理推理机制，无法在汇报信息出现矛盾时做出正确判断而易出现虚警，洛克希德 · 马丁公司为了避免 BIT 诊断技术中较高的虚警率，在 F-35 的核心处理器中采用了 PHM 智能软件程序。进入 21 世纪后，国内外研究人员逐渐意识到虚警的危害性和抑制虚警的重要性，因此开始在BIT设计阶段就考虑测试系统的虚警抑制问题，取得了一定的研究成果，该时期是机内测试发展的重要阶段，其特点是测试系统进一步扩展状态监控功能，进行功能扩展和向健康管理系统转化。如波音787在借鉴波音777的飞机诊断和维修系统的基础上，建立了飞机信息与维护系统；F-35战斗机在故障预测与健康管理思想的牵引下，中央测试系统转变为机上的PHM系统。

随着技术的发展，机内测试技术的运用对象是以各式机载设计和雷达为代表的复杂武器系统，复杂系统集成后，BIT也要进行系统性、层次性设计，故障传播是导致系统级BIT出现虚警的主要诱因。目前针对模块级BIT的虚警研究较多，但系统级BIT虚警研究明显不够，复杂系统BIT的虚警问题仍然存在。

以上情况显示，BIT虚警率高是导致现役复杂武器系统战备完好率低、使用保障费用高的重要因素。高虚警率不仅直接影响系统BIT的有效性，而且对系统任务的完成及可用性、维修和备件等产生不利的影响，甚至造成使用人员对其丧失信心。因此，BIT的虚警问题是制约BIT技术更深入、更广泛应用的瓶颈，若要使BIT系统可用、可信、能用、好用，必须解决虚警问题，这是BIT设计的核心关键技术，也是目前BIT技术发展的重点和难点问题。

1.3.2.2 虚警产生的原因

对于BIT来说，产生虚警的原因是复杂的和多方面的，而对虚警原因进行分析和总结是虚警抑制技术的基础和前提。目前，国内外有学者对BIT系统虚警产生的原因进行了分析和总结，将造成BIT虚警率较高的原因归纳总结为以下3个方面：

①BIT设计者在设计时做出一些假设，而这些假设并不完全符合实际情况，造成BIT系统在实际工作环境中存在某些缺点和不足；

②设计者在准确掌握产品实际工作环境的影响及其特性变化上存在一

定困难，使实际的 BIT 系统不能完全适合系统的实际工作环境；

③由上述两个原因造成 BIT 系统设计上的不足，并且没能采取必要的改进措施，也是导致 BIT 系统虚警率较高的原因。

在国内，曾天翔研究员根据电子系统 BIT 的特点，对造成电子系统 BIT 虚警率较高的实际原因归纳为以下 9 项：设计者的假设不当、BIT 设计不适于系统的实际情况、正常系统的偶然故障或偶然的性能变化、环境条件的影响、不适当激励或干扰、测试门限值/容差不合理、BIT 或其他监测电路失效、错误的故障隔离和间歇故障。此外，田仲等人也对电子系统 BIT 虚警原因进行了总结，归纳为 10 种情况，与曾天翔不同的是，他们认为被测系统的设计错误也是产生虚警的原因，并且考虑了人为操作失误的因素。同时，田仲对Ⅰ类虚警和Ⅱ类虚警的产生原因进行了总结分析，为针对性地分别解决两类虚警问题提供了借鉴。国防科技大学的徐永成博士等人基于机电系统 BIT 的设计和使用寿命周期对 BIT 各个阶段的虚警影响因素进行了初步的总结提炼，认为在机电系统 BIT 中，影响虚警的因素可能有嵌入式传感器工作异常、信号传输过程串入干扰、测点选择不合理、机电设备故障诊断技术的能力限制等；温熙森教授等人按照 BIT 设计、生产、运行等全寿命周期对各个阶段的虚警原因进行了总结。

上述分析的结果为针对性地解决虚警问题提供了一定的技术指南，但多数是对一些常见影响因素的定性分析和总结，无法从技术上直接指导实际应用。为了更系统地从理论、技术和方法上解决雷达的虚警问题，还需要更全面、深入地对虚警产生原因进行分析。

1.3.2.3 虚警抑制技术

对于如何抑制 BIT 系统中存在的虚警问题，国内外一直在探索有效的方法，但由于虚警产生的机理较为复杂，目前还没有一个统一的规范和标准，一般根据现场出现的实际情况，采用相应的措施加以解决。

目前采用的技术方法主要有：报警前通过多次判断或延时报警，可消除瞬态现象导致的虚警；对测量信号或报警驱动信号采取各种滤波措施，以消除各种干扰影响造成的虚警；合理地确定测试容差，采用自适应阈值的方法，尽可能满足不同的工作条件；采用统计测量技术提高测试的准确性；采用智能 BIT 技术，将各种人工智能技术应用到 BIT 系统中，以降低诊断算法缺陷带来的虚警问题等。例如，针对瞬态现象导致的虚警，F-15 战斗机中央计算机 BIT 的多路总线测试中，当连续 8 次“不通过”后才使多路总线锁存，并确认故障。该战斗机的武器控制装置 BIT 中显示故障时，需经过 3.5 ms 的延时，以提高报警的可信度，减少虚警的发生。

为了减少虚警，从事测试性与 BIT 研究的人员提出了多种降低虚警率的方法和措施，田仲等人对这些方法进行了归纳和总结，将其分为 7 个大类，共 20 种方法。这 7 类方法实际上包括两方面的优化措施，即设计方法上的优化（如优化 BIT 设计、测试容差等）和故障判别及决策方法上的优化（如智能 BIT 技术、改善 BIT 可靠性等)。温熙森教授等人从 BIT 设计、检测、诊断和决策 4 个方面提出采用智能化方法降低 BIT 虚警率的策略，并认为 BIT 的智能设计是解决 BIT 虚警问题的基础，BIT 智能故障诊断理论与方法是降低 BIT 虚警率的关键。综上所述，BIT 虚警抑制的理论和技术主要表现在以下 4 个方面：

①设计合理的 BIT 结构降虚警。为了提高 BIT 的诊断能力、减少虚警，洛克希德 · 马丁公司提出了层次 BIT 结构，通过各层次的测试实施 BIT 综合判决，减少单层判决可能导致的虚警，这种设计已成功用于多种武器装备之中。

②设计合理的测试容差降虚警。测试容差（或门限值）是指被测参数的最大允许偏差范围，超过此范围被测装备就不能正常工作，表明装备出现故障。合理地确定测试容差对 BIT 非常重要，如果测试容差范围太宽，则可能把不能正常工作的被测对象判定为合格，会发生漏检即有故障不报的情况；如果测试容差太窄，则会把正常工作的被测对象判定为故障从而产生虚警。例如，美国国家航空航天局路易斯（Lewis）研究中心，在发

动机传感器故障隔离算法的实时评价研究中，对硬故障和软故障的隔离采用了自适应门限值方法，取得了较好的虚警抑制效果。

③基于时间-应力分析的降虚警技术。时间-应力是指机电系统在生产、运输、工作等过程中受到的各种应力的时间历程。这些应力包括环境应力（如温度、振动等）和工作应力（如电压、电流等）。研究表明，时间-应力是 BIT 系统产生虚警的主要原因。20 世纪 80 年代以来，美国 RADC 等部门开始着手时间-应力测量装置（TSMD）技术的研究、开发工作，其目的是通过采集各种应力的时间历程，进而与 BIT 诊断结果相互比较，达到降低虚警率的目的。1989 年，RADC 将灵巧 BIT 与 TSMD 技术综合进行研究，开发了灵巧 BIT 与 TSMD 综合系统，大大提高了虚警识别和故障辨识能力。近年来，TSMD 的设计趋于成熟，应用领域不断拓宽，如在美国第三代航空电子设备（F-16、F-22 战斗机的超高速集成电路或电子系统）中，均采用 TSMD 作为系统的重要组成部分。

④基于人工智能的降虚警技术。为降低 BIT 系统虚警率，神经网络、模糊逻辑、马尔科夫模型、信息融合等先进的智能诊断与决策技术于 20 世纪 80 年代后期开始应用于 BIT 的故障诊断中，研究人员希望这些智能诊断与决策技术能提高 BIT 的诊断决策能力，解决 BIT 的虚警问题。例如，应用专家系统进行 BIT 系统设计，利用计算机辅助设计技术自动生成 BIT 系统检测方案，应用信息融合技术进行 BIT 综合决策，应用神经网络进行 BIT 智能诊断等。

我国 BIT 虚警抑制方面也取得了很大的进步，如国防科技大学自 20 世纪 90 年代中期就对 BIT 降虚警技术进行了深入的研究，提出了基于信息处理流程的 3 层降虚警研究框架，典型的理论成果有邱静等著的《机电系统机内测试降虚警技术》、杨光的博士论文《机电系统 BIT 传感层降虚警的理论与技术研究》、王新峰的博士论文《机电系统 BIT 特征层降虚警技术研究》、柳新民的博士论文《机电系统 BIT 间歇故障虚警抑制技术研究》等。

第2章 雷达智能 BIT 技术

BIT 技术具有提高故障诊断精确性、缩短诊断时间、降低对维修人员技能要求以及提高武器系统战备完好率等优点。如何根据雷达及其故障的相关特点，将智能 BIT 技术与雷达系统相结合，对雷达系统进行智能状态监测与故障诊断，提高其可测性与维修性是当前雷达装备面临的一个主要问题。本章主要介绍智能 BIT 技术在雷达系统中的应用，在分析雷达 BIT 的基本要求、雷达结构与故障层次结构的基础上，从雷达智能 BIT 的层次模型、状态监测系统、综合故障诊断系统 3 个方面阐述雷达智能 BIT 的实现方式。

2.1 雷达 BIT 的分类与性能

雷达 BIT 的主要任务是故障检测、故障隔离、故障维修以及系统的性能监测等，监测雷达运行时各个阶段的故障状态，以便如实掌握系统的特性和状态，实现快速检测、准确隔离、精确故障定位，提高雷达的可测性和可维修性，更好地发挥雷达的威力。

2.1.1 雷达 BIT 的基本要求

一般情况下，对于给定的雷达系统，BIT 应完成系统监测（监测系统关键特性参数)、系统检查（检查系统是否正常，检测故障)、故障隔离(将故障隔离到 LRU 或 SRU) 3 种功能。对于雷达系统来说，BIT 的主要功能如下：

①实时监测。实时监测是对雷达各分机设备工作状态的监视和功能检查。实时监测根据雷达调度模块的调度，主要依赖各分机的 BITE，实时监测各分系统的工作状态，向上一级控制模块报告，给出相关建议，并将故障隔离到组合或功能组件。通过实时性自动监测和处理以确定雷达是否处于“良好工作状态”，为相关人员提供雷达能否继续工作或退出工作的决定。

②自检测试（前期测试)。自检测试是雷达投入工作前，对雷达主要功能、性能和雷达各分机的功能测试，其将故障隔离到组合或功能组件，为相关人员提供雷达能否投入正常工作或维修的依据。前期测试由测试方法库中的基本测试方法组合而成，基本测试方法分为两类：一类是必须测试项目；另一类是可选测试项目，可选测试项目根据需要指定。测试顺序为先必须测试项目，后可选测试项目，在紧急情况下可以只做必须测试项目，不做可选测试项目。

③维护和维修测试。维护和维修测试是非实时测试。该测试是对系统及各分系统的设备进行全面的功能、性能检查测试，并对故障设备诊断定位，将故障隔离到组合或功能组件。

对雷达 BIT 最直接的要求是能够及时发现系统的故障，并迅速、准确地将故障压缩、隔离到最小可更换单元。在满足用户对 BIT 故障检测率、故障隔离率和虚警率等指标的前提下，BIT 还需要达到以下几个基本要求：尽量利用系统硬件资源，降低成本和复杂性，减少体积质量的增加量；BIT 电路的可靠性应高于被监测的电路；BIT 电路的故障不应影响系统正常的工作；BIT 测试容限应宽于分系统验收测试合格判据的要求；能对雷达的整机性能进行监测等。

2.1.2 雷达 BIT 的分类

BIT 的分类方式较多，一般可分为加电 BIT（开机 BIT）、连续 BIT、周期 BIT、启动 BIT、集中式或非集中式（分布式）BIT、有源和无源 BIT 等。在实际使用中，应根据 BIT 的不同功能及使用时机来分类，如 BIT 按测试时间可分为加电后自动执行的 BIT、不占用系统工作时间的连续 BIT 或在不影响系统执行任务条件下插空进行的周期 BIT，以及发生故障后进入维护状态由操作员进行的启动 BIT。不同类型的 BIT 有不同的用途，多数情况下，在节省成本的设计中，运用这些组合方式来满足设计要求。按照不同的使用时机和工作机理，可将雷达 BIT 分为以下几种类型。

①加电 BIT（开机 BIT）。雷达的加电 BIT 又称为开机 BIT，是雷达装备不可缺少的一种最基本的 BIT 工作方式，不仅必要，而且可行。它是为了保证雷达整机及各分系统的正常工作，确保雷达的功能和性能，需要在雷达加电进入正常工作之前，对雷达各个分系统、主要功能模块或部件进行检测，以便进行故障隔离和维修。它的可行性在于雷达中的一些元器件和模块（如磁控管、行波管等）需要一定的预热时间，才能稳定可靠地工作，因此有充足的时间进行机内测试。一般情况下，雷达在加电之初不能立刻进入实战工作状态，系统的 BIT 软件有足够的时间做较为细致的检测。各个分系统都有自己的检测硬件和软件，检测内容可达到最小可更换单元。在对故障检测和故障定位之后，操作人员可视情况停机，根据设定的排除故障流程图进行处理。

②连续 BIT。连续 BIT 是指连续不断地对系统的工作状态进行监测控制的一种 BIT。雷达工作正常后，BIT 就自动开始工作，直到电源断开。这种 BIT 能够对雷达关键点的工作状态（如电压、电流、波形等）进行实时的监测。对于大部分在线 BIT 检测而言，主要是被动的连续监视，它不

需要专门的激励信号，不影响雷达的扫描周期，即在雷达的工作周期内进行故障状态的采集和处理。当发现有故障时，确定其故障级别；当属于一般故障时，就启动故障避开程序；当属于致命故障时，就实施控制保护功能，切断部分电路，或按照设置好的程序流程图关机。

③周期 BIT。周期 BIT 即 PBIT（Periodic BIT），它是指当雷达正常工作后，以一定的频率执行测试的一种 BIT。在雷达正常工作过程中，需要周期性地对性能指标及主要功能模块（或元器件）进行测试，以确保雷达的功能及性能稳定，及时发现故障。由于 PBIT 能按一定的时间间隔独立地进行测试，无须外界的干预，也不影响雷达的性能，因此 PBIT 是 BIT 的主要工作类型。

④启动 BIT。启动 BIT 即 IBIT（Initiated BIT）它是指在外部事件（如操作者启动）发生后才执行检测的一种 BIT。加电 BIT、连续 BIT、周期 BIT 都能够进行故障检测，但故障隔离、故障定位的深度和精度往往不够，只能定位到某些分机、组合和功能模块，不能定位到最小可更换单元或元器件。启动 BIT 往往会影响或中断雷达的正常工作（系统处于维修模式），并加入特定的激励信号，按照预先设定的故障隔离程序进行。由于雷达电路及信号复杂，因此启动 BIT 应根据电路和信号的特点，选择按照功能支路或者按照功能模块（或印制电路板）的方法进行，即雷达的启动 BIT 采用按照功能支路和按照功能模块（或印制电路板）两种方法相结合的方式，减少监测点的数量和测试步骤（这一部分内容将在第 3 章中具体介绍），使检测和诊断更加快速、准确。

2.1.3 雷达 BIT 的指标

一个给定的雷达 BIT 系统，必须有一个确定的技术指标，它直接表示 BIT 系统的检测和隔离故障能力。BIT 的主要指标具体介绍如下。

①故障检测率与故障隔离率。故障检测率（Fault Detection Rate,

FDR）是指检测并发现设备内一个或多个故障的能力。它可以被看作是通过采用规定的方法和步骤直接或间接地确定产品（系统、设备和单元）故障的能力，或向操作人员及其他有关人员（维修人员、观察人员等）指示产品故障的能力。故障隔离率（Fault Isolation Rate，FIR）是指快速而准确地隔离每一个已检测到的故障的能力。这两个指标表现了BIT系统准确检测故障的概率，百分数越大，表明BIT系统的准确度越高。

②虚警率。虚警率（False Alarm Rate，FAR）是指在规定的工作时间内，发生的虚警数与同一时间的故障指示总数之比，用百分数表示，百分数越小，表明BIT系统的准确度越高。FAR的理想值是0，是BIT的一个限制性参数。高FAR如同低FAR一样，会导致系统更换设备或强制性维修。

③故障检测时间与故障隔离时间。故障检测时间（Fault Detection Time，FDT）是指从开始检测故障到给出故障指示所经历的时间。在用BIT检测故障时，更看重的是故障潜伏时间，它在说明机内测试快速处理严重故障时十分有用。FDT还可用平均故障检测时间（Mean Fault Detection Time，MFDT）表示。故障隔离时间（Fault Isolation Time，FIT）是指从开始隔离故障到完成故障隔离所用的时间。故障隔离时间可以用平均时间或最大时间（按规定的百分数）表示。平均故障隔离时间（Mean Fault Isolation Time，MFIT）定义为从开始隔离故障到完成故障隔离所经历时间的平均值。这两个指标反映了BIT系统的响应时间和切换时间，时间越短，表明BIT系统处理速度越快。

④不能重现率。由BIT或其他监控电路指示的，而在外场维修时得不到证实的故障情况称为不能重现（Cannot Duplicate，CND）。不能重现率（Cannot Duplicate Rate，CNDR）定义为在规定的时间内，由BIT或其他监控电路指示的，而在外场维修中不能证实（复现）的故障与指示的故障总数之比，用百分数表示。引起不能重现的主要原因为BIT虚警、不适当的

检测容差、间歇故障、瞬态漂移和故障出现的环境不能重现等。不能重现率越小，表明 BIT 系统的准确度越高。

⑤BIT 的可靠性、维修性与平均有效运行时间。BIT 的可靠性（$MTBF_B$）定义为在规定的条件下，BIT 电路在给定时间区间内完成预定功能的能力。关于 BIT 的可靠性一般以 MTBF 或故障率给出，要求比被测系统及设备的故障率低一个数量级。BIT 的维修性（$MTTR_B$）指的是 BIT 的平均修复时间，定义为修理 BIT 电路故障所需要的平均时间。平均 BIT 运行时间（Mean BIT Running Time，MBRT）是指完成一个 BIT 测试程序所需有效运行时间的平均值，可以是对一次测试、一组测试或所有测试所需有效运行时间的平均值。

那么如何确定雷达 BIT 的技术指标呢？我们常用的是故障检测率、虚警率、故障隔离时间 3 个指标。雷达的技术指标和战术指标不同，对 BIT 主要指标的要求也不同。同时，在设计 BIT 系统时，要考虑到雷达主通路和关键部件等情况，因而确定具体的数值要按照雷达系统本身的要求来确定。

2.2 雷达故障的特点及其对检测诊断系统的要求

2.2.1 复杂电子系统故障的特点

一些研究机构对电子系统的故障原因进行了分析和统计，结果表明电子系统产生故障的原因很复杂，有电路本身设计不完善的因素，有装备制造过程中的因素，也有系统运行中的因素，还有维修、存储的因素等。

新型电子系统功能越来越强，科技含量越来越高，系统结构和故障检测诊断出现了许多新特点，主要表现在以下5个方面：

①复杂性。复杂性是大型复杂电子系统故障的最基本特征。电子系统的复杂性体现在组成复杂、结构复杂、功能复杂等很多方面，因此构成系统的各个部分之间相互联系、紧密耦合，致使故障原因与故障征兆之间表现极其错综复杂的关系，即同一种故障征兆往往对应几种故障原因，或同一故障点对应多种故障征兆。这种原因与征兆之间不确定的对应关系，使故障诊断具有极大的复杂性。

②层次性。大型复杂电子系统一般都是多层次系统，其结构可划分为系统、子系统、组合及印制电路板、元器件等多个层次，因而其故障和故障影响也有不同的层次，这就决定了其故障的层次性。任何故障都是与系统的某一层次相联系的，高层次的故障可以由低层次的故障引起，而低层次的故障必定引起高层次的故障。这种由低层次向高层次逐级发展的故障特点就是故障的层次性，也称故障的“纵向性”。故障的层次性为制定故障诊断策略和模型提供了方便，为BIT分层故障诊断提供了依据，使复杂系统故障诊断的求解效率提高。

③相关性。系统的某一层次的某个元素发生故障，势必导致与它相关的元素的状态发生变化，从而引起这些元素的功能也发生变化，致使该元素所处的层次产生新故障，这就带来了系统中同一层次有多个故障并存的状况。任何一个原发故障都存在多条潜在的传播途径，可以引起多个故障并存，这就是故障的相关性，也称故障的“横向性”。多故障诊断是复杂电子装备故障诊断的一个关键问题。

④延时性。故障的传播机理表明，从原发性故障到系统级故障的发生、发展与形成，是一个由量变到质变的过程，这个渐进的过程具有时间性。这一特性为故障的早期诊断与预测提供了机会，从而使“防患于未然”的设想能够成为现实。实现方法是在系统的相应输出（特征信号或征兆）尚未超越允许范围之前，检测出这些变化，并获得这些变化的规律，据此做出有关系统、组合、印制电路板、部件、元器件的当前状态及发展趋势的判断。

⑤不确定性。不确定性是复杂电子系统故障的一个重要特性，也是目前智能诊断理论与方法的一个重要研究内容。不确定性产生的原因复杂，涉及主观和客观因素，给诊断工作带来很大的困难。

2.2.2 雷达故障的特点及故障机理

上述大型电子系统故障的特点同样适用于雷达。雷达在使用过程中所出现的故障，一般可分为机械故障和电气故障两类：一类是由某些零件的损伤、破裂或磨损而引起的故障，属于机械故障；另一类是由整个设备或各部件中电气元器件的性能变坏而直接或间接造成的故障，属于电气故障。电气故障在雷达中比较容易发生，而且原因甚多。因此，对雷达发生的故障必须具体分析，并不断地总结经验，从中找出规律，以便更快、更好地排除故障，保证雷达经常处于良好的战备状态，发挥雷达兵器的最大效能。同时，对于雷达 BIT 系统的设计及故障判别也具有很好的指导意义。

2.2.2.1 雷达故障的分类

按照雷达故障的持续时间和相关特点，可将雷达系统在整个运行过程中出现的故障情况分为 3 种类型：

①脉冲型故障。该类故障主要是由系统内部缺陷（如硬件或软件的不稳定）或特定的外界环境引发，其发生没有明显的频率，持续时间往往较短，如系统中出现的间歇故障或瞬态故障。

②突发型故障。该类故障的发生通常没有任何征兆，只能在故障发生后进行检测和隔离，它是由系统的元器件硬故障导致，持续时间是永久的，因此又称阶跃型故障，除非更换损坏元器件，否则故障在整个测试期间均存在。

③渐变型故障。该类故障的发生是渐进的，具有一定的渐变趋势，是元器件在长时间运行过程中，由于发热、湿度变化、振动、恶劣环境等外部原因作用，造成元器件本身参数的逐渐恶化。由于它具有渐变趋势，因此可在故障发生前对其进行故障的预测。

2.2.2.2　雷达故障的基本特点

雷达所出现的故障大部分为主要的元器件故障。实际使用过程中，雷达器件常见故障分类如表 2-1 所示。

表 2-1　雷达器件常见故障分类

类别	元器件	故障机理
电真空器件	电子管、磁控管、行波管、放电管、示波管及调制管、闸流管、速调管等	管脚引线松脱、接触不良、漏气、低效、碰极、灯丝烧断等
半导体器件	二极管、三极管、数字集成电路、模拟集成电路、复杂可编程逻辑器件（CPLD）、现场可编程门阵列（FPGA）等	性能降低（衰老）、极间短路或开路、软击穿、引出线折断、接触不良
电阻、电位器	碳膜电阻、金属膜电阻、线绕电阻、贴片电阻等	变质、烧坏、活动接点接触不良、炭膜磨损、线绕电位器绕线烧断
电容器	纸介、金属化纸介、涤纶、云母、瓷介、独石、聚丙乙烯、铝电解、钽电解等	漏电、开路或短路失效、爆裂
变压器及扼流圈	—	匝间短路，绕组间绝缘击穿、开路
电缆	各种规格电缆（高频、低频）	接触不良、绝缘下降、开路（或短路）
电机	直流伺服电机、测速发电机、基准电压发电机、单相或三相交流电动机、自整角机、旋转变压器等	电刷接触不良、电机烧坏、轴承缺油或损坏、风机叶片变形、机械阻尼变大（小）
开关、继电器和交流接触器	按钮开关、钮子开关、转换开关、波段开关等	机械部分松脱、接点接触不良或接触不上、继电器和交流接触器的线包烧坏
印制电路板及接插件	—	印制电路板上孔不通（金属孔氧化、腐蚀而开路），接插件变形、磨损、氧化而接触不良
机械部分	天线控制系统、跟踪与伺服系统中的相关器件	生锈、磨损、装置位置的改变、卡齿、转动不灵活等

2.2.2.3 雷达故障产生的原因

雷达产生故障的原因很多，归纳起来有以下 5 个方面：

①元器件的衰老和失效。雷达中各种元器件，都有一定的使用期限，超过这个期限，元器件的性能就会逐渐下降而衰老，甚至失效或损坏。例如，各类电真空器件、各种半导体器件、开关、继电器、变压器、电机、电缆等都有各自的使用寿命，这是自然规律且无法避免。

②设计不佳，参数临界。一般来说，雷达在设计阶段都是依据元器件失效机理的共同规律，按照优化设计的原则，有效地实施可靠性保障设计。其可靠度较之早期的雷达装备有了很大的提高，但雷达设计是一个复杂的系统工程，有很多无法预测的因素，甚至可能造成设计容限不足、参数选用临界，一旦参数出现较大范围的变化，雷达系统就可能发生故障。

③元器件质量不好。元器件的生产也存在一些无法控制的因素，尤其生产工艺、设备的缺陷都可能影响元器件的质量。例如，有的电解电容漏电电流较大，有的晶体管在高、低温条件下易产生软击穿，有的集成块易坏等。

④不遵守维护制度。空气中的灰尘、水汽、化学物质及气候的变化，都会造成元器件的损坏。例如，机内灰尘的堆积会导致工作时打火或接触不良；潮湿天气会使线圈、变压器、电机的绝缘降低，金属生锈腐蚀；高功率元器件，若通风散热不好，则可能因温度过高而烧坏或缩短使用年限；机械转动部分润滑不良，会加速零件的磨损。因此，必须坚持维护制度，及时消除故障隐患，切实做到防患于未然。

⑤不遵守操作规程。现代雷达是集电子、微波、光电、精密机械、自动控制及计算机技术为一体的复杂电子装备，对它的使用，必须严格遵循其自身的科学规律。若不遵守操作规程，轻则使设备寿命缩短，重则立刻使机器损坏。

2.2.3　对检测诊断系统的要求

从复杂电子系统结构和故障特点来看，故障模式多种多样，信号复杂，检测点多。单一的诊断模式远远不能满足诊断的需要，复杂电子系统的故障诊断面临新的挑战。因此，对检测诊断系统有如下基本要求：

①依据的故障特征不局限于单一的激励和响应信号，而要借助于多种测试手段和信息，增加故障的其他辨识信息，提高多种信息综合运用的能力。

②对故障的判断不能依据单一的网络理论，而要在信号传输路径上实施判断，按照系统的层次和故障模式的层次进行故障的定位。这样可以有效地缩小故障的搜索范围，并且减少测试的次数，提高诊断的效率。

③需要一个合理的测试系统配置，对所需判断的故障通过测试系统的检测，得出肯定（Y）或否定（N）的判断，增加假设的可信度，使诊断的行为更接近于目标。

④雷达装备故障模式复杂，故障点很多，检测诊断系统对故障的定位要到最小可更换单元（电路模块或元器件）。

上述对检测诊断系统的基本要求即是对雷达 BIT 系统的基本要求。

2.3　雷达结构与故障的层次分析

2.3.1　层次分析理论与应用

为了分析雷达结构与故障的层次性，首先必须了解层次分析原理。

2.3.1.1　层次分析法基本思路

层次分析法（the Analytic Hierarchy Process，AHP）本质上是一种决策思维方式，通过一定模式使决策思维过程规范化，它适用于定性与定量因素相结合的决策问题，美国著名运筹学家、匹兹堡大学教授 T. L. Satty 于 20 世纪 70 年代中期提出了层次分析法。层次分析法把复杂的问题分解为各个组成因素，将这些因素按照支配关系分组用以形成有序的递阶层次结构，通过两两比较判断的方式确定每一层次各种因素的相对重要性，然后在递阶层次结构内进行合成，以得到决策因素相对于目标的重要性的总顺序。层次分析法体现了人们决策思维的基本特征，即分解、判断、综合。因此，自层次分析法问世，它受到了人们特别是决策者的欢迎。

2.3.1.2 递阶层次结构原理与特点

应用 AHP 分析问题，首先要把问题条理化、层次化，构造出一个层次分析结构的模型。把一个复杂系统中具有共同属性的因素组成系统的同一层次，不同类型的因素形成系统的不同层次，并且上一层次因素对它的下一层次的全部或部分因素起支配作用，形成按层次自上而下的逐层支配关系。递阶层次结构有如下特点：

①从上到下顺序的支配关系，这种关系在某种意义上类似于集合、子集、元素的属于关系。

②整个结构中层次数不受限制，层次数的大小取决于决策分析的需要。

③层次之间的联系比同一层次各元素间的联系要大得多。

2.3.1.3 层次分析在装备故障诊断中的应用

由层次性理论和可列性理论可知，系统的层次结构所描述的全部节点的集合是可列集，即可以通过它来完整表述装备的功能结构。同时，系统的故障模式也可以根据其层次性来划分，系统的每个节点的故障模式是有限的。因此，根据可列性的概念可知，系统的故障模式也是可列性的，即可以通过层次性的故障模式来完整地表述系统的故障状况。

通过系统层次和故障模式的可列性分析可知，对于任意的装备来说，通过层次性的分析可以完整地表示装备的结构及其对应的故障模式。对于故障诊断来说，通过层次性分析可以提供一个完备空间，使任何诊断都可以在这个空间中找到答案，从而使诊断具有鲁棒性（Robust）。层次性结构可以使系统在诊断过程中能够反映各个故障模式之间的内部联系，这对于根据显式故障模式解隐式故障模式很有帮助。对于诊断来说，只要根据故障现象转换成故障模式空间的粗略的解，然后通过故障模式空间就能找到更为精确的解。

层次分析的数学特征可表示为

$$\mathrm{DSPWH}_i=\langle D_i, M_i, C_i, M_i^* \rangle$$

式中，$D_i=\{d_1^i, d_2^i, \cdots, d_n^i\}$ 表示第 i 层各子系统的所有故障的非空有限集合；$M_i=\{m_1^i, m_2^i, \cdots, m_n^i\}$ 表示第 i 层故障集合 D_i 所引起的所有征兆的非空有限集合；C_i 表示描述 D_i 到 M_i 之间的因果关系集合，即 $C_i=\{\langle d_k^i, m_j^i\rangle \mid d_k^i \in D_i, m_j^i \in M_i\}$；$M_i^*$ 表示属于 M_i 的一个已知征兆集合。

用于诊断的这些知识集合可表述为

$$M(d_k^i)=\{m_j^i \mid \langle d_k^i, m_j^i\rangle \in C_i\}, \forall d_k^i \in D_i$$

$$D(m_k^i)=\{d_j^i \mid \langle d_k^i, m_j^i\rangle \in C_i\}, \forall m_k^i \in M_i$$

$$M(D_i^*)=\cup M(d_k^i)$$

式中，$D_i^* \subseteq D_i$ 是一个假设的故障子集，并且

$$D(M_i^*)=\bigcup_{m_k^i \in M_i^*} D(m_j^i)$$

$$M^*(d_k^*)=M(d_k^i)\cap M_k^i$$

$$M^*(D_k^*)=M(D_k^i)\cap M_k^i$$

如果 $M_i^* \subseteq M$（D_i^*），则称 D_i^* 为 M_i^* 的一个覆盖。根据节约覆盖集原理，该故障子集 D_i^* 必须能解释所有这些已知的征兆集合。

由以上分析可见，利用层次分析法对装备的功能结构和故障模式进行分层处理，可以为诊断过程提供完备的结构空间，并将复杂的装备系统和故障模式规范起来，对于提高故障诊断的效率是可行的。

2.3.2　雷达系统的层次结构

在雷达系统的状态监测与故障诊断中，依据的故障特征不能再局限于

单一的激励和响应信号，而要借助于多种测试手段和信息，增加故障的其他辨识信息，提高多种信息的综合应用能力；对故障的判断要按照系统的层次和故障模式的层次进行故障定位，这样可以有效地缩短故障的搜索范围，并且减少测试的次数，提高诊断的效率。

实际上，不管系统有多么复杂，它都具有以下的特点：

①在结构上，它都有其特定的形式，也就是都会由几个独立的部分组成；

②在功能上，它都是一定功能单元的组合体，每一个组合单元都要实现一定的功能，并共同完成系统的整体功能。

根据战场装备维修的实际情况，故障诊断定位到印制电路板或对战场维修情况而言不可分割的部件，这就是待诊断系统的基本构件，在基本构件上发生的故障称为底事件。这样，系统可以分为系统级、子系统级（即功能单体）、组合级、外场可更换单元级和元器件级等。可见，系统的结构和功能是有层次性的。

新型复杂电子装备（包括雷达）功能层次明显，按功能一般分为不同的系统，每个系统分为不同的子系统，每个子系统往往由不同的组合来完成该系统的功能，每个组合由许多外场可更换单元（印制电路板）组成，每个印制电路板由若干元器件组成。对于不同的装备，由于组成结构、功能及复杂程度不同，对应的层次结构可以有不同的分法。

2.3.3 雷达故障的层次分析

2.3.3.1 故障层次传播特性

根据故障产生的因果关系，可将其分为两类：一类是原发性故障，即故障源；另一类是引发性故障，即由其他故障引发的故障。但不管何种故障，其发生部位总是可以归属到一定的功能结构上。

系统高层次故障可以由低层次故障引起，而低层次故障必定引起高层次故障。这种由系统的低层次向高层次逐级发生故障的特点就是故障的层次性，也称为故障的“纵向性”。

系统某一层次的某个元素发生故障，势必导致与它相关的元素发生故障，从而引起这些元素的功能也发生故障，致使该元素所处的层次产生新故障，从而带来了系统中同一层次有多个故障并存的状况，这就是系统故障的相关性，也称为故障的“横向性”。对于故障的“横向性”，可以按照功能结构层次和故障层次关系对相应节点进行权值分配，理论上是从根节点开始，权值按降序进行，对于直接影响较大的部件节点和故障节点，相应地提高权重，并进行归一化处理。这样就将故障的“横向性”转化为故障的“纵向性”，因此，故障的传播特性可以用层次性来对待。

2.3.3.2　雷达结构层次与故障层次的关联

在层次分析法中，用节点来表示上下两层之间的某种联系。故障层次模型中的节点是依据故障归属的功能结构部位，而雷达结构层次节点是基于信息传递关系进行规约建立的。因此，雷达结构层次模型中的节点与故障层次模型中的节点是相互关联的，为了形式化地表示这种关联方式，建立了特征库和信号关系库两个知识类库。它们之间的关联方式如图 2-1 所示。

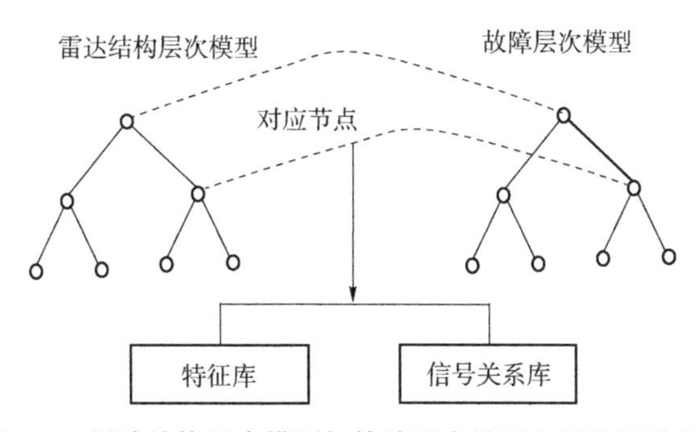

图 2-1　雷达结构层次模型与故障层次模型之间的关联方式

特征库中存储了雷达各级系统和单体部件所包含的功能状态特征和信号特征，信号关系库则给出了装备系统、子系统和部件的信号传递关系。

特征库和信号关系库两个知识类库的建立，将雷达结构层次模型和故障层次模型之间的抽象关联具体化，有利于对诊断人员的辅助指导和诊断结果的解释。

2.4 雷达智能 BIT 的实现方式

2.4.1 雷达智能 BIT 层次模型

复杂电子系统的结构和功能是分布式和多层次的，而这种结构上的层次关系，也要求其 BIT 系统是分布式和多层次的。雷达智能 BIT 层次模型如图 2-2 所示。在雷达的研制和生产阶段，按照不同的层次进行智能 BIT 设计，按层次对雷达进行状态监测，根据监测数据的融合进行故障定位，系统故障定位到外场可更换单元（LRU，包括印制电路板、元器件等）。

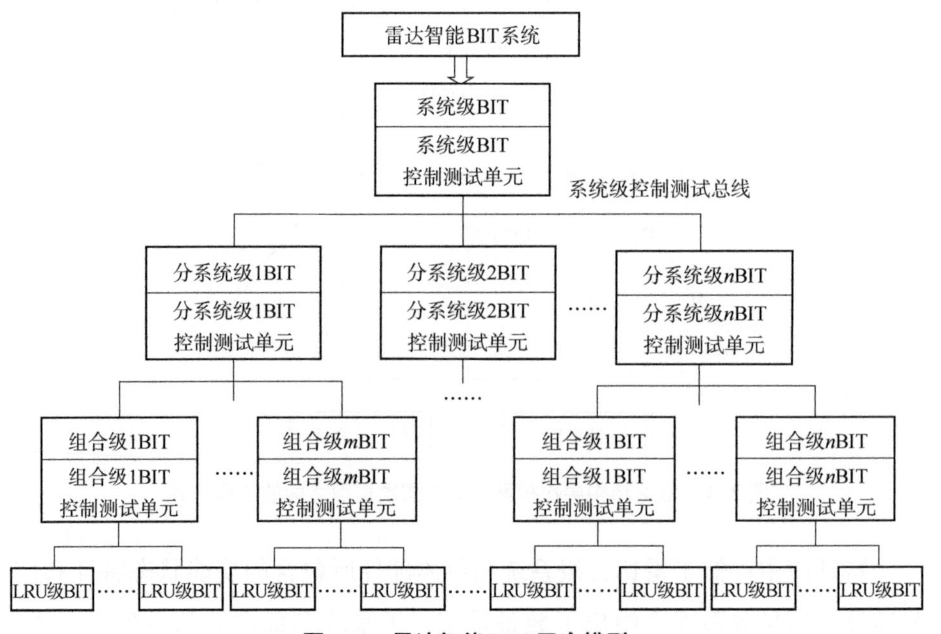

图 2-2 雷达智能 BIT 层次模型

在这种智能 BIT 结构中，整个 BIT 系统由系统级 BIT、分系统级 BIT、组合级 BIT、LRU 级 BIT 等多个层次组成。系统级 BIT 包括综合故障诊断系统、系统级控制测试单元和系统级控制测试总线；中间层 BIT 包括相应级别的诊断系统、控制测试单元和总线；LRU 级 BIT 是这种分层式设计 BIT 的最底层，是整个系统的基础；各级 BIT 之间通过控制测试总线连接。其工作原理如下：系统级 BIT 根据需要通过各级控制测试总线逐级向下发送测试命令，直至 LRU 级 BIT；LRU 级 BIT 根据 LRU 的内部测试信息，采用相应的诊断策略进行故障分析，判断其状态是否正常，并将结果向上一级 BIT 和系统级 BIT 报告；中间层 BIT 综合低一级 BIT 的初步诊断结果，进行浅层智能诊断，并将诊断结果向上一级 BIT 和系统级 BIT 报告；以此类推，直至系统级 BIT；系统级 BIT 结合多种信息对分系统级 BIT 的结果进行综合分析，对系统状态做出最终判断。若系统级 BIT 判断系统处于故障状态，则通过控制测试总线对各级 BIT 的结果进行详细分析，逐级向下进行故障定位，并根据故障的性质给出系统重构、降级使用或更换维修等建议。

这种智能 BIT 的结构方式符合电子系统固有的层次性特点的要求，可以综合利用下级 BIT 较强的信息获取能力和上级较强的信息处理能力，从而提高和改善 BIT 的性能，具有推理效率高、诊断速度快、系统可靠、实时性好的特点。

2.4.2　雷达智能 BIT 状态监测系统

雷达智能 BIT 状态监测系统可设计成雷达整机、分系统、组合及外场可更换单元之间的横向各级 BIT 并行测试，纵向各级 BIT 的顺序测试的复用结构，将故障定位在外场可更换单元，并实现雷达整机的性能监测，为操作人员提供决策依据。雷达智能 BIT 状态监测的分类方法很多，按监测对象可分为常规监测与整机性能监测。常规监测是指基本物理量如电压、电流、脉宽、周期等参数的监测，其基本方法是信号经取样、调理、采集后由 BIT 系统进行判断，该类监测方法在很多文献中都有详细的介绍，这里不再重复。雷达整机性能监测是为了解决监测深度不够，常规 BIT 在无明显故障征兆的情况下不能对雷达关键性能指标进行有效监测的问题。雷达整机性能监测系统模型如图 2-3 所示。

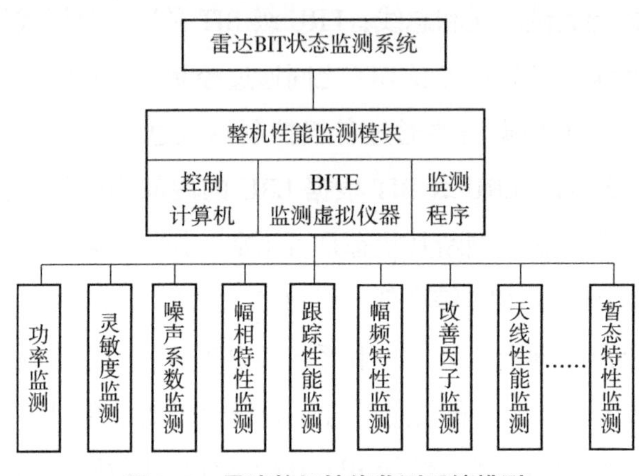

图 2-3 雷达整机性能监测系统模型

雷达智能 BIT 状态监测系统根据需要可调用整机性能监测模块，在整机性能监测模块中，控制计算机根据不同的性能指标监测需要，调用不同的监测虚拟仪器，在监测程序的控制下，利用雷达本身或监测虚拟仪器给出相应的激励信号，实施某个性能指标的测试过程，同时利用监测虚拟仪器读取关键监测点的相应参数，再由计算机系统计算出相应的性能指标。雷达整机性能监测系统能实现对功率、灵敏度、噪声系数、幅相特性、跟踪性能、幅频特性、改善因子、天线性能、暂态特性等指标的监测，完成雷达整机性能的检测与评估，并给出相应的处理意见（系统调整、更换维修等）供决策者使用。

智能 BIT 整机性能监测方式采用启动 BIT（IBIT）方式，BIT 工作前需要有启动请求，当操作人员启动后，它就持续地进行自动检测，无须操作人员干预，并能显示监测结果，准确提供系统的状态，给出一定的结论。在雷达整机性能状态监测中，部分监测项目要外加激励，需要有一定的切换，会影响雷达通道的正常工作，因此启动 BIT 方式非常适合雷达整机性能监测。

2.4.3 雷达智能BIT综合故障诊断系统

雷达智能BIT综合故障诊断系统模型如图2-4所示。根据智能BIT的层次结构，设雷达有 n 个分系统，每个分系统由 k 个组合组成，每个组合由 m 个外场可更换单元组成。智能BIT综合故障诊断系统包括智能BIT判别方式与智能BIT综合诊断。

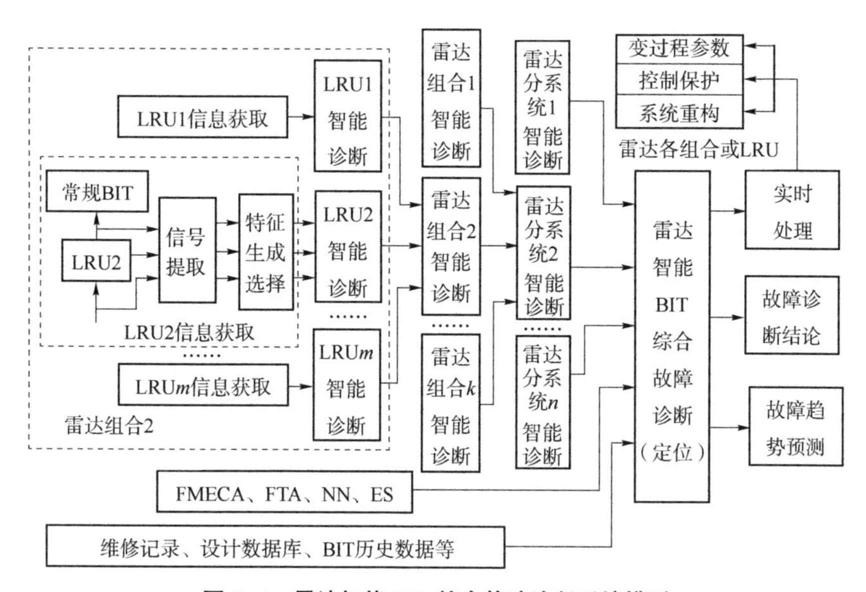

图2-4　雷达智能BIT综合故障诊断系统模型

2.4.3.1 智能BIT判别方式

常规BIT只是利用LRU内部的自身信息，判断其处于“正常”或“故障”状态，而智能BIT不仅利用系统内部的测试信息，还利用其他数据，采用人工智能的方法判断系统状态。智能BIT的LRU级诊断通过对LRU的输入、输出数据和常规BIT的结果进行信号提取、特征生成和选择，使用智能诊断的方法判断LRU的状态，并给出初步结果；雷达组合的诊断利用该组合内各 LRU 级诊断的初步结果，判断其状态；雷达分系统的诊断利用该分系统内的各组合级诊断的初步结果，判断其状态；雷达智能 BIT 综合故障诊断不仅利用各分系统诊断的结果，还结合其他方面，进行多信息分析，给出最终的诊断结论。

智能 BIT 中各级别 BIT 的功能大部分是通过专用处理器、特定的硬件电路及相关软件实现的。但同时也应看到，受空间位置、环境应力以及硬件成本的影响，在复杂电子装备中大量增加专用处理器和硬件电路并非最佳选择。在可能的情况下，采用软件的方法完成硬件的功能，改善 BIT 的诊断算法，实现 BIT 的多信息综合诊断是一种比较高效、实用的方法。因此，在智能 BIT 实现过程中，在增加微处理器等硬件的同时，应该把系统的综合诊断功能摆在越来越重要的位置。

2.4.3.2 智能 BIT 综合诊断

由于雷达是集电子、微波、光电、精密机械、自动控制及计算机技术为一体的复杂电子装备，单纯依靠装备使用期间采集的故障信息是远远不够的，必须综合运用装备在设计、生产、使用和维修期间产生的信息。为此，我们将综合利用可靠性分析数据、故障模式影响及危害度分析（FMECA）数据、故障树分析（FTA）数据、装备的现场采集数据以及装备的历史数据等，采用多种方法实现智能 BIT 的综合诊断和故障趋势预测。

智能 BIT 综合诊断通过 BIT 电路对 LRU 内部测试信号进行取样，提取故障特征；根据已掌握的被测对象故障类别、特征参量等信息，应用神经网络（NN）、专家系统（ES）、模糊理论等人工智能技术对其进行故障模式分类，判断其是否处于故障状态；结合电子装备在设计和研制阶段产生的大量可靠性、维修性和测试性的分析数据，以及通过对其进行 FMECA 和 FTA，获得故障原因、危害度大小、故障率等有关信息；在 BIT 诊断结果的基础上，综合故障对系统的危害度、BIT 历史数据、装备设计参数、装备维修记录等各方面情况，对故障位置、性质和可能的危害性等进行综合评估，做出决策，避免单一因素判决造成错误的决策，并提出应对措施。

雷达 BIT 肩负的任务不仅限于检测、诊断，还有实时处理功能，包括变过程参数、系统重构、控制保护功能等。例如，发射机灯丝电流过大、行波管高压过高、钛泵电流过大等都必须立即切断相应的电源，以保证发射机不损坏。

2.5　本章小结

本章主要介绍智能 BIT 技术在雷达中的应用，概述了雷达 BIT 的基本要求、分类与技术指标，分析了雷达故障的特点及其对检测诊断系统的要求，对雷达结构与故障的层次分析进行了介绍。在此基础上，从雷达智能 BIT 层次模型、状态监测系统、综合故障诊断系统 3 个方面给出了雷达智能 BIT 的实现方式。

第3章 雷达状态监测点的优化与诊断策略设计

雷达属于大型复杂系统，要对雷达系统的所有故障模式实现在线监测与诊断是不可能的。此外，为了实现高的故障检测率、故障隔离率而把监测诊断系统复杂化，这会给雷达系统本身的性能带来更大的负面影响，因此在雷达 BIT 状态监测与诊断系统实现中监测点的选取至关重要。如何用最少的监测点，实现对雷达系统运行状态的有效监测，做到故障隔离、定位准确是监测诊断系统实现的关键。状态监测点（也称测试点）的选择是测试性研究的范畴，雷达的系统/分系统、LRU 和 SRU 作为不同维修级别的被测单元都应进行监测点的优选工作，选出自己的故障检测与隔离的监测点。在 BIT 中监测点选择的基本原则是监测点要能保证使 BIT 故障检测率和故障隔离率最佳。目前，故障树（Fault Tree，FT）模型是在装备的故障诊断中用得很多的一种模型。故障树分析（Fault Tree Analysis，FTA）被认为是复杂系统可靠性和安全性分析的一种好方法。多信号流图（Multi－Signal Flow Graphs，MSFG）模型是在测试性和故障诊断中用得较多的模型。利用这两种模型进行状态监测点的优化选择与诊断策略设计，可以在满足故障检测率和故障隔离率的基础上减少监测点，优化诊断方案，减少虚警。

3.1 监测点的选择与设置

3.1.1 监测点的类型

雷达监测点的类型可分为无源监测点、有源监测点、有源和无源监测点 3 类。

①无源监测点。无源监测点是指在电路内某些节点上可以提供测试对象瞬间状态的监测点。这些监测点只能观测，不能影响被测单元内部和外部特性。例如，被测单元各功能模块之间的连接点、余度电路中信号分支和综合点、扇出点或扇入点等均属于无源监测点。

②有源监测点。有源监测点是指测试时加入激励或测试控制信号的电路节点或输入点，只有这类监测点才允许在测试过程中对电路内部过程产生影响和进行控制。有源监测点作用：引入激励，如模拟信号、测试矢量等；数字电路初始化，如重置计数器或移位寄存器；中断反馈回路；中断内部时钟，以便从外部施加时钟信号。

③有源和无源监测点。有源和无源监测点主要用于数字总线结构中。在测试期间，设备作为一个总线器件连接总线本身。这些监测点对测试过程既有有源影响，也有无源影响：在有源状态，它是一个控制器；在无源状态，它是一个接收器。

3.1.2 监测点的设置原则

监测点的选取在满足 BIT 故障检测率和故障隔离率的条件下，应当遵循以下 5 个原则。

①安全性原则。监测点设置的位置必须保证人身和设备的安全，高电

压、大电流的监测点应该符合安全性要求，监测应与低电平逻辑信号隔离。

②有效性原则。监测点设置必须满足故障检测与隔离、性能测试以及调整与校准的测试要求。当被测单元有故障时，能够用于确定发生故障的组成单元、组件或部件。

③简易性原则。监测点应该尽可能少，且监测信号应最大限度地反映整个系统的工作状况信息。监测点应位于组件级，以便不使用模块监测点或不分解组件就可以把故障隔离到模块。监测点过多，监测装置随之复杂，这不仅受经济性原则约束，而且导致漏报和虚警率增加，监测正确性下降。

④兼容性原则。监测点上的信号（测量或激励）的特性、频率和精度要求，应与预定使用的 ATE 兼容。利用 ATE 对被测单元进行测试时，应保证性能不降低、信号不失真；加入激励或控制信号时，应保证不损坏被测单元。

⑤监测点的选择应不影响雷达的正常运行，满足性能测试以及调整与校准的测试要求，在实际中切实可行。

3.1.3 监测点的选择与设置方法

监测点的选择是测试性设计的一个重要步骤。监测点选择是否恰当直接影响系统、设备的测试性水平。一般来说，一个被测单元的输入/输出或有关功能特性测试接口是故障检测用监测点，而被测单元各组成单元的输入/输出或有关功能特性测试接口是故障隔离用监测点。这些故障隔离用监测点也是下一级测试对象故障检测用监测点，应注意各级维修监测点之间的协调。

给定的被测单元或电路进行监测点的选择与设置时，一般方法如下：

①仔细分析被测单元的构成、工作原理、功能划分情况和诊断要求，画出功能框图，清楚表示各组成单元的输入/输出关系，弄清相互影响。对于印制电路板，需要电路原理图和元器件表等有关资料。

②进行故障模式及影响分析（Failure Mode and Effects Analysis，FMEA）并取得有关故障率数据。开始时可以用功能法进行 FMEA，由上而下进行；再根据设计资料，用硬件法进行 FMEA，用以修正和补充功能法 FMEA 的不足，并填写 FMEA 表格。

③在上述工作的基础上，初选故障检测和隔离用监测点。一般是根据被测单元及其组成单元输入/输出信号及功能特性，分析确定要测量的参数与测量位置或电路节点。其中，要特别注意故障影响严重的故障模式或故障率高的单元的检测问题。

④根据各测量参数的检测需要，选择确定测试激励和控制信号及其输入点。

⑤根据故障率、测试时间或费用等优选监测点。选出监测点后应进行初步的诊断能力分析，如果预计的 FDR 和 FIR 不满足要求，还要采取改进措施。

⑥合理安排被测单元状态信号的测量位置以及测试激励与控制信号的加入位置。一般 BIT 的监测点设在被测单元内部，不必引出来；原检测用监测点需要引到外部专用检测插座上；其余的监测点可引到 I/O 插座上。印制电路板的监测点可放在边缘连接器或边缘板可达的节点上。

⑦选出的监测点按照给定的规则（算法）要求优化测试顺序，确定最佳诊断策略（故障检测和隔离的测试顺序）。

当然，以上方法是监测点选择与设置的一般方法，在实际的使用过程中，往往要进行软件与硬件的权衡、ATE 的选择与应用等多方面的考虑，综合确定监测点，同时在使用过程中进行验证。

3.2　基于故障树分析（FTA）的监测点选取与诊断策略设计

故障树分析是可靠性设计的一种有效的方法，也是故障诊断技术中的一种有效方法。应用 FTA 可以帮助设计者弄清故障的模式，通过故障树模拟分析，可以实现系统优化；制定故障诊断和检修流程，寻找故障诊断最佳部位和分析故障原因；预测系统的安全性和可靠性，评价系统的风险；衡量元器件对系统的危害度和重要度，找出系统或设备的薄弱环节，以便在设计中采取相应的改进措施。本章节应用 FTA 进行 BIT 状态监测点的优化选取与诊断策略设计。

3.2.1　故障树的概念及其数学描述

3.2.1.1　故障树的基本概念

故障树模型是一种基于研究对象结构、功能特征的行为模型，是一种定性的因果模型，是以系统最不希望事件为顶事件，以可能导致顶事件发生的其他事件为中央事件和底事件，并用逻辑门表示事件之间关联的一种树状结构的逻辑图。用故障树分析对被测单元进行故障分析，它不仅能反映被测单元内部各功能电路对被测单元功能的影响，而且能反映几个功能电路故障组合对被测单元功能的影响，还能用故障树清楚地表示这种影响的中间过程。

3.2.1.2　故障树的数学描述

考虑一个由 n 个单元组成的系统，把系统失效作为故障树的顶事件，记为 T；把各单元（电路模块或元器件）失效作为故障树的底事件，记为

$x_i(i=1,2,\cdots,n;n$ 为构成系统的单元总数)。研究的顶事件和底事件只考虑正常和故障两种状态，并且各底事件的故障相互独立。用 x_i 表示底事件的状态变量，x_i 仅取0或1两种状态；用 Φ 表示顶事件的状态变量，Φ 也仅取0或1两种状态，则有

$$x_i=\begin{cases}1 & \text{底事件 } i \text{ 发生}\\ 0 & \text{底事件 } i \text{ 不发生}\end{cases} \quad i=1,2,\cdots,n \tag{3-1}$$

$$\Phi=\begin{cases}1 & \text{顶事件发生(系统故障)}\\ 0 & \text{顶事件不发生(系统正常)}\end{cases} \tag{3-2}$$

故障树顶事件发生是系统所不希望发生的故障状态，$\Phi=1$，系统发生故障；相应的底事件状态为电路模块（或元器件）故障状态，$x_i=1$。顶事件状态 Φ 完全由故障树底事件状态 x_i 所决定，即 $\Phi=\Phi(X)$，其中 $X=(x_1,x_2,\cdots,x_n)$，称 $\Phi(X)$ 为故障树的结构函数。

结构函数是表示系统状态的一种布尔函数，其自变量为该系统各组成单元的状态。不同的故障树有不同的逻辑结构，从而对应不同的结构函数。

1. 几种结构函数的数学描述

1）与门结构函数

$$\Phi(X)=\bigcap_{i=1}^{n} x_i \qquad i=1,2,\cdots,n \tag{3-3}$$

式中，n 为底事件数。当 x_i 仅取0或1两个值时，式（3-3）可改写为

$$\Phi(X)=\prod_{i=1}^{n} x_i \qquad i=1,2,\cdots,n \tag{3-4}$$

当全部元器件发生故障时，被测单元才有故障，这种与门结构函数对应的故障树如图3-1（a）所示。按布尔函数运算法则，只要其中一个 $x_i=0$（即第 i 个元器件正常），那么 $\Phi(X)=1$（被测单元正常），这就是可靠性分析中的并联模型。

2）或门结构函数

$$\Phi(X)=\bigcup_{i=1}^{n} x_i \qquad i=1,2,\cdots,n \tag{3-5}$$

当 x_i 仅取0或1两个值时，式（3-5）可改写为

$$\Phi(X) = 1 - \prod_{i=1}^{n}(1 - x_i) \qquad i = 1,2,\cdots,n \tag{3-6}$$

式（3-6）说明只要一个元器件故障，被测单元就会有故障，其故障树如图 3-1（b）所示。按照布尔函数运算法则，只要其中一个 $x_i=1$（即第 i 个元器件故障），则 $\Phi(X)=1$（被测单元故障），这就是可靠性分析中的串联模型。

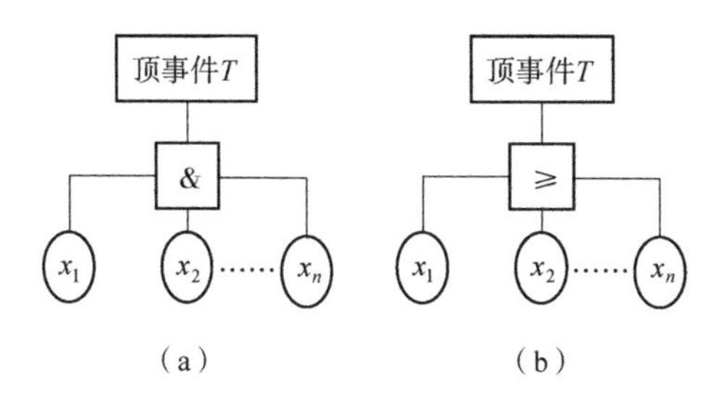

图 3-1　不同结构故障树

（a）与门（and）；（b）或门（or）

3）故障树结构函数

任一棵故障树都可以简化为由逻辑与门和或门以及底事件组成的形式，因而利用逻辑门的布尔函数运算法则可以将故障树的顶事件状态 T 表示为底事件状态变量 x_1，x_2，…，x_n 的布尔函数表达式。图 3-2 所示为故障树结构，其结构函数可以表示为

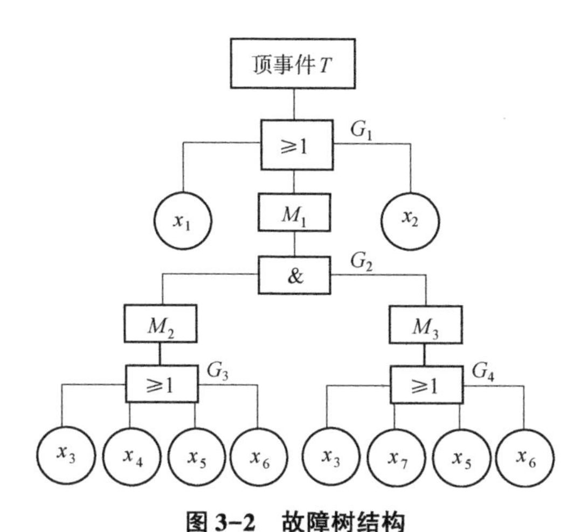

图 3-2　故障树结构

$$\begin{aligned}\Phi(X)&=x_1\cup x_2\cup[(x_3\cup x_4\cup x_5\cup x_6)\cap(x_3\cup x_7\cup x_5\cup x_6)]\\&=x_1\cup x_2\cup x_3\cup[(x_4\cup x_5\cup x_6)\cap(x_7\cup x_5\cup x_6)]\\&=x_1\cup x_2\cup x_3\cup(x_4\cap x_7)\cup x_5\cup x_6\end{aligned}\tag{3-7}$$

不难看出，被测单元越复杂，其结构函数也越冗长复杂，不便于定性分析。在此引入最小割集的概念，以简化结构函数。

2. 故障树最小割集的数学描述

割集是故障树中若干底事件的集合，如果这些底事件同时发生将导致顶事件必然发生。最小割集是底事件不能再减少的割集，由于最小割集的状态是其所含底事件状态的集合，所以可表示为

$$\Phi_{C_j}(X)=\bigcap_{x_i\in C_j}x_i\quad i=1,2,\cdots,n;\ j=1,2,\cdots,n_C;\ n_C\text{为最小割集总数目}\tag{3-8}$$

故障树一个割集的状态表示顶事件发生的一种可能性，而最小割集则表示导致顶事件发生的最小数目而又最必需的底事件的集合；一个最小割集代表引起故障树顶事件的一种故障模式，而全部最小割集则反映系统的全部故障模式。因此，可以用故障树的全部最小割集的状态来等价地表示顶事件的状态。

$$\Phi_C(X)=\bigcup_{j=1}^{n_C}\left(\bigcap_{x_i\in C_j}x_i\right)\quad j=1,2,\cdots,n;\ n_C\text{为最小割集总数目}\tag{3-9}$$

图 3-2 中故障树有 5 个最小割集 $\{x_1\}$，$\{x_2\}$，$\{x_3\}$，$\{x_5\}$，$\{x_6\}$ 和 $\{x_4,x_7\}$。

3.2.2 故障树分析中几种典型的重要度

研究事件重要度对改善系统设计，提高系统的可靠度，确定故障监测的部位，制定系统故障诊断方案（测试性、诊断性和搜索顺序），减少故障排除的时间，有效地提高整个系统的可用度都有重要的意义。根据不同的情况，重要度有多种定义。例如，最早由 Birnbaum 提出且在生产实际中被广

泛应用的结构重要度（Structural Importance）和概率结构重要度（Probability Structural Importance），Lambert 提出的关键重要度（Criticality Importance），Fussell 和 Vesely 提出的 FV 重要度（Fussell-Vesely Importance），Butler 定义的一种仅依赖于路集和割集的部件重要度而不依赖于部件可靠度的 P 重要度（Path Importance）和 C 重要度（Cut Importance），Barlow 和 Proschan 提出的 BP 重要度（Barlow-Proschan Importance），Pan 等介绍的蒙特卡罗方差重要度（Monte Carlo Variance Importance）等。

3.2.2.1　结构重要度 $I_i^{\mathrm{St}}(t)$

对于单调关联系统，第 i 个部件（电路模块或元器件）的状态从 0 变到 1，但相应系统的 Φ 状态可能有下述 3 种变化：

①$\Phi(0_i,X)=0\rightarrow\Phi(1_i,X)=1,\Phi(1_i,X)-\Phi(0_i,X)=1$；

②$\Phi(0_i,X)=0\rightarrow\Phi(1_i,X)=0,\Phi(1_i,X)-\Phi(0_i,X)=0$；

③$\Phi(0_i,X)=1\rightarrow\Phi(1_i,X)=1,\Phi(1_i,X)-\Phi(0_i,X)=0$；

上式中，$(0_i,X)=(x_1,x_2,\cdots,x_{i-1},0,x_{i+1},\cdots,x_n)$

$(1_i,X)=(x_1,x_2,\cdots,x_{i-1},1,x_{i+1},\cdots,x_n)$

对于第 i 个部件某一个给定状态，其余（$n-1$）个部件的可能状态组合有 2^{n-1} 种，定义为

$$n_i^{\Phi}=\sum_{2^{n-1}}\left[\Phi(1_i,X)-\Phi(0_i,X)\right]$$

n_i^{Φ} 可作为第 i 个部件对系统故障贡献大小的量度，为使每个部件的结构重要度≤1，定义部件的结构重要度为

$$I_i^{\mathrm{St}}(t)=\frac{1}{2^{n-1}}n_i^{\Phi}\tag{3-10}$$

进行结构重要度分析时，Lambert 提出一种新的处理方法，对于部件 i，令

$$Q_j=\begin{cases}1 & j=i\\ 1/2 & j\neq i\end{cases}$$

则部件的结构重要度可变为 $I_i^{\mathrm{St}}(t)=I_i^{\mathrm{Pr}}(t)$。

3.2.2.2 概率结构重要度 $I_i^{\mathrm{Pr}}(t)$

概率结构重要度是指在只有 i 个部件由正常状态变为故障状态时，使顶事件发生概率的变化率，其定义用下式表示：

$$I_i^{\mathrm{Pr}}(t)=\frac{\partial g[Q(t)]}{\partial Q_i(t)}=g[1,Q(t)]-g[0,Q(t)] \tag{3-11}$$

从数学上讲，Birnbaum 结构重要度是指顶事件发生概率对底事件发生概率的偏导数，又可写成

$$I_i^{\mathrm{Pr}}(t)=E\{\Phi[1_i,X(t)]-\Phi[0_i,X(t)]=1\}=p\{\Phi[1_i,X(t)]-\Phi[0_i,X(t)]=1\}$$

从数学定义上可以解释为，i 部件的概率结构重要度就是 i 部件状态取 1 时顶事件概率和 i 部件状态取 0 时顶事件概率的差。从物理意义上可以解释为，系统处于当且仅当部件 i 失效系统即失效状态的概率，亦即部件 i 的概率结构重要度就是系统处于部件 i 为关键部件状态的概率。

3.2.2.3 关键重要度 $I_i^{\mathrm{Cr}}(t)$

所谓部件 i 的关键重要度是指底事件故障概率的变化率与由它引起顶事件发生概率的变化率之比。其定义用下式表示：

$$I_i^{\mathrm{Cr}}(t)=\lim_{\Delta Q_i(t\to 0)}\frac{\dfrac{\Delta g[Q(t)]}{g(t)}}{\dfrac{\Delta Q_i(t)}{Q_i(t)}}=\frac{Q_i(t)}{g(t)}\cdot\frac{\partial g[Q(t)]}{\partial Q_i(t)} \tag{3-12}$$

因为 $I_i^{\mathrm{Pr}}(t)=\dfrac{\partial g[Q(t)]}{\partial Q_i(t)}$，所以 $I_i^{\mathrm{Cr}}(t)=\dfrac{Q_i(t)}{g(t)}I_i^{\mathrm{Pr}}(t)$。

可见，用概率结构重要度乘以因子就可求出关键重要度。

3.2.2.4 FV 重要度 $I_i^{\mathrm{FV}}(t)$

Fussell 和 Vesely 在研究部件重要度时，发现只研究部件处于关键状态

的重要度还不够，还必须研究部件处于非关键状态时的重要度。所谓处于非关键状态是指当部件 i 由正常状态变为故障状态时，顶事件并不发生，但是部件 i 对顶事件发生的概率却有影响。

根据最小割集并集的概念：假设包含第 i 个故障部件的全部最小割集数为 N_k^i（不一定是关键割集），由它们构成的并集结构函数记为

$$\Psi_k^i[X(t)]=\begin{cases}1 & \text{含部件 } i \text{ 的最小割集并集发生}\\ 0 & \text{含部件 } i \text{ 的最小割集并集不发生}\end{cases}$$

则包含部件 i 的 N_k^i 个最小割集并集的结构函数为

$$\psi_k^i[X(t)]=\bigcup_{j=1}^{N_k^i}\prod_{l\in k_j} x_l$$

其概率 $g_k^i[Q(t)]=E\{\psi_k^i[X(t)]=1\}$ 为部件 i 对顶事件发生概率的贡献。

因此，定义 FV 重要度为

$$I_i^{\mathrm{FV}}(t)=\frac{g_k^i[Q(t)]}{g[Q(t)]} \tag{3-13}$$

3.2.2.5　B-P 重要度 I_i^{BP}

所谓 BP 重要度是指部件 i 在过去一段时间内发生故障对顶事件发生概率的贡献。设每一时刻 t 系统中只可能有一个部件发生故障，部件 i 的故障密度为 $f_i(t)$，则在 $[0,t]$ 区间内部件 i 发生故障导致顶事件发生的概率为

$$I_i^{\mathrm{BP}}=\int_0^t\{g[1_i,Q(t)]-g[0_i,Q(t)]\}f_i(t)\,\mathrm{d}t \tag{3-14}$$

式（3-14）被称为 BP 重要度，I_i^{BP} 表示部件 i 在［0，t］区间内发生故障对顶事件发生的累积贡献，它是表示时刻 t 以前的事件，而不是时刻 t 的事件。为了归一化，也可将上式除以 $g[Q(t)]$，这时 $\sum_{i=1}^{n} I_i^{\mathrm{BP}}=1$（归一化）成立。

3.2.2.6　FV 最小割集重要度 $I_i^{*\mathrm{FV}}$

FV 最小割集重要度是表示最小割集发生时对顶事件发生概率的贡献。

在时刻 t 最小割集发生概率与顶事件发生概率之比称为 FV 最小割集重要度 $I_i^{*\mathrm{FV}}$，即

$$I_i^{*\mathrm{FV}}=\frac{Q_i^*}{Q_T(t)}=\frac{Q_i^*}{g(Q)}=\frac{g(Q_i)}{g(Q)} \tag{3-15}$$

式中，$g(Q_i)$为第 i 个最小割集发生的概率；$g(Q)$为顶事件发生的概率。

3.2.3 基于故障树分析的状态监测点的选取

由上面故障树的结构可知，各个电路模块或元器件（底事件）与被测单元的工作状态之间的关系：当底事件$\{x_i\}$中对应的任一事件发生时，顶事件就会发生，那么这些底事件就可以作为雷达 BIT 的状态监测点。但雷达装备非常复杂，其可能发生的故障模式各种各样，难以穷尽，要对雷达所有故障模式对应的电路模块或元器件进行在线监测几乎是不可能的，不仅监测点众多，难以实现，而且由于系统复杂，其会对雷达本身的性能（可靠性等）产生负面影响。利用 FTA 可以对监测点进行优化选取。

基于故障树分析的监测点选取主要由建造故障树、求解故障树最小割集、故障树重要度分析及根据重要度选取监测点 4 步组成，下面介绍其方法。

3.2.3.1 建造故障树

建造故障树是故障树分析最为关键的一环，是正确选择监测点的前提和基础，只有被测单元建造正确合理的故障树，才能搜寻到合理的故障监测点。建造故障树的一般步骤如下：

①分析清楚被测单元电路的详细工作过程，故障的定义要准确。

②选择顶事件。在明确被测单元电路要完成的主要功能的基础上，以被测单元电路不能完成其主要功能的故障为顶事件。根据被测单元所要完成的主要功能，对被测单元可以选择一个或多个顶事件。

③将引起顶事件的全部直接原因事件（硬件故障）置于相应原因事件符号中作为第二级，并根据它们之间的逻辑关系用逻辑门连接顶事件和这些直接原因事件。

④如此逐级向下发展，到最低一级原因事件都不能再分的底事件为止，这样便建造出一棵以给定顶事件为“根”，中间事件为“枝”，底事件为“叶”的倒置的N级故障树。

⑤故障树的简化。简化的原则是去掉逻辑多余事件，用简单的逻辑关系表示。常用的简化方法有修简法和模块法：前者是用目测或布尔函数运算法则吸收以去掉逻辑多余事件；后者是将故障树中的底事件化成若干个底事件的集合，每个集合都是互斥的，即其包含的底事件在其他集合中不重复出现。

3.2.3.2　求解故障树最小割集

在故障诊断中，一个最小割集代表被测单元的一种故障模式（产生故障的一种原因），可以逐个判断最小割集即故障模式，从而搜寻故障源。雷达BIT状态监测时，可以监测最小割集，即用于故障诊断的故障模式。故障树最小割集的求解方法常用的有下行法（Fussell-Vesely算法）和上行法（Semanderes算法），具体方法见参考文献［89］。例如，对图3-2所示的故障树结构，求得全部最小割集$\{x_1\}$，$\{x_2\}$，$\{x_3\}$，$\{x_5\}$，$\{x_6\}$和$\{x_4, x_7\}$。在求出故障树最小割集后，可以将故障简化为顶事件与最小割集的逻辑或关系，如图3-3所示。

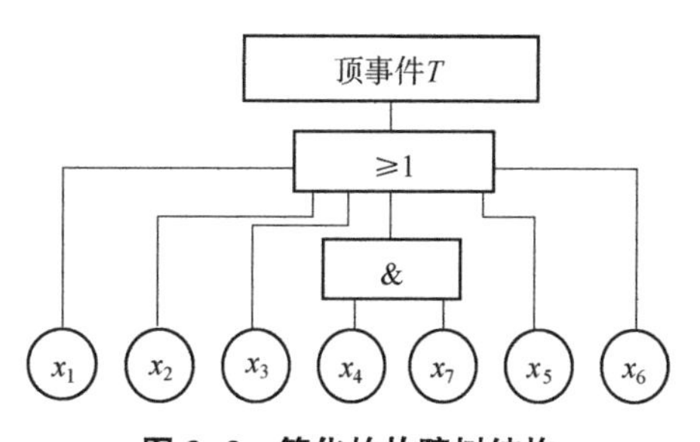

图3-3　简化的故障树结构

3.2.3.3 故障树重要度分析

在 3.2.2 节中分析了 6 种重要度，在雷达设计及故障诊断中，可以根据不同的要求选择不同的重要度进行分析，得出不同的方案。前面分析过，为了优化监测点，需求解故障树的最小割集，但对于复杂的系统，如果把全部最小割集所对应的电路模块或元器件都作为监测点，那么监测点和相应的硬件电路还是太复杂。因此，还要从全部最小割集中依据每个割集对故障的贡献（重要度）进行优化选择。在雷达 BIT 状态监测系统中，我们利用最小割集重要度进行分析。

根据前面的结论，FV 最小割集重要度是表示最小割集发生时对顶事件发生概率的贡献。

1. 最小割集概率的计算

由于最小割集中各个底事件是逻辑与的关系，所以最小割集的故障概率等于它所包含的各底事件概率的乘积。底事件的故障概率大多数情况下是由经验得出的，也可以通过对部件进行失效率分析或以可靠性为中心的维修（Reliability Centered Maintenance，RCM）分析得到，关于底事件的故障概率问题本书不做介绍。

2. 顶事件发生概率的计算

求系统顶事件发生的概率，即求 $\Phi(X)=1$ 的概率。由于 $\Phi(X)$ 只是取 0 和 1 的二值函数，所以结构函数 $\Phi(X)$ 的数学期望也就是顶事件发生的概率 $g(Q)$，于是有

$$g(Q)=p[\Phi(X)=1]=E[\Phi(X)]$$

令 E_j 为属于最小割集 C_j 的全部底事件均发生的事件，则顶事件发生的事件是 k 个 E_j 中至少有一个发生的事件，因此

$$g(Q)=p(\sum_{j=1}^{k} E_j)$$

由于各割集间一般并非独立事件，用求和公式展开上式为

$$g(Q)=\sum_{i=1}^{k}p(E_i)-\sum_{1\leqslant i\leqslant k}^{k}p(E_iE_j)+\sum_{1\leqslant i\leqslant j\leqslant l\leqslant k}^{k}p(E_iE_jE_l)-\cdots+(-1)^{k+1}p(E_iE_j\cdots E_k) \tag{3-16}$$

当求得各最小割集 C_j 的全部底事件均发生的事件 $E_j(j=1,2,\cdots,k)$，并已知各底事件发生的概率 $Q_i=p(x_i=1)$后，即可利用式（3-16）求得顶事件发生的概率 $g(Q)$，$Q=(Q_1,Q_2,\cdots,Q_n)$。一般我们认为每一个最小割集内的底事件是统计独立的，则可根据独立事件积的概率公式计算顶事件发生的概率。

3.2.3.4　根据重要度选取监测点

由于导致顶事件故障的原因有多个，所以在故障诊断时，可以判断所有最小割集即故障模式，从而找到故障原因。但是对于复杂电路的故障树分析，如果把全部最小割集所对应的电路模块或元器件都作为监测点，那么监测点和相应的硬件电路还是太复杂，将有大量的故障模式需要测试。因此，还要从全部最小割集中依据每个割集对故障的贡献（重要度）进行优化选择。在此用故障树最小割集重要度进行分析，只要对重要度大的故障模式进行监测，对于重要度小的故障模式可以不进行监测，或者对几个重要度大的故障模式所对应的监测点进行监测，然后综合进行判定。

3.2.4　基于 FTA 与 BDD 的雷达 BIT 状态监测点的优化选取

通过上面的分析可知，FTA 是进行系统安全性和可靠性分析的重要手段，在 BIT 监测点的选取中有重要的作用。利用传统 FTA 技术进行监测点的选取时，关键是计算重要度，而计算重要度主要是基于故障树的最小割集，根据系统故障树中逻辑门的组合关系，计算出各基本事件（部件）对顶事件发生的影响程度，以确定哪些点是监测的重点。然而，基于割集下的传统 FTA 难以胜任大型复杂故障树的分析工作，其时间、空间复杂性使大型复杂故障树难以实现，而且会出现“组合爆炸”问题。二元决策图（Binary Decision Diagram，BDD）为大规模系统故障树的分析指明了方向。

基于 BDD 的故障树分析是先将故障树转化为 BDD，然后通过遍历 BDD 直接获取最小割集，再计算出最小割集重要度，简化常规 FTA 在求取 BIT 监测点中存在的问题。

3.2.4.1 BDD 的基本概念

二元决策图最早由 Sheldon B. Akers 在 1978 年提出，它实质上是简化布尔函数的 Shannon 分解得到的。后来，Rauzy 通过采用 If-Then-Else（ITE）结构将故障树转化为 BDD，使 BDD 成为解决大型故障树问题的一种有效工具。BDD 是一种特殊的树形结构，采用二叉树的形式表示一个布尔函数。BDD 中的节点分为两类：一类节点是具有 0 或 1 两种布尔函数值的终节点；另一类节点是非终节点，没有确定的节点值是内部节点。所有的节点都是通过具有 0 或 1 标识的边连接在一起，从而组成一个完整的有向无环图。从根节点出发到终节点的每条路都表示布尔函数中各变量的一次赋值，即由一组变量输入值获得一个输出值的过程。

3.2.4.2 Shannon 分解定理

设 $f_{x_i}=f(x_1,x_2,\cdots,x_{i-1},1,x_{i+1},\cdots,x_n)$，$f_{\bar{x}_i}=f(x_1,x_2,\cdots,x_{i-1},0,x_{i+1},\cdots,x_n)$，则布尔函数的 Shannon 分解可定义为 $f(x_1,x_2,\cdots,x_n)=x_i\cdot f_{x_i}+\bar{x}_i f_{\bar{x}_i}$，根据三重 ITE 结构，Shannon 分解简洁定义为

$$f=\mathrm{ITE}(x,f_1,f_0)=x f_1+\bar{x} f_0 \tag{3-17}$$

式中，x 为决策变量；函数 f_1 和 f_0 分别为当 $x=1$ 和 $x=0$ 时的布尔函数。

式（3-17）中的两个子项是互斥的。ITE 连接词是 BDD 的核心，并为故障树提供了重要的选择策略。

3.2.4.3 故障树转化为 BDD

由故障树转化为 BDD，一般要按照以下 4 个步骤来进行。

第一步：规范化故障树。把复杂故障树转化为只含与、或、非逻辑门的规范化故障树。如果规范化故障树的中间事件含有非门，利用 De ·

Morgan 规则把中间事件的非门去掉，仅使底事件有非门，以便于处理。

第二步：确定故障树底事件的指标顺序。同一故障树但不同的变量输入顺序，即底事件不同指标值，可能转化为规模差别很大的 BDD，甚至可能随着故障树规模的扩大而导致 BDD 规模剧烈膨胀。可见，如何确定底事件的指标顺序就成了至关重要的问题。关于如何选择底事件的指标顺序使 BDD 最优，国外不少学者做了大量研究，有按照结构重要度大小进行排序，有按照寻求最优指标顺序的算法进行排序等，这里根据相关文献给出 3 条经验法则：①对于没有重复事件的故障树，各事件指标排序按照深度优先最高和宽度优先其次的原则。对于有重复事件的故障树，各底事件的指标排序原则与没有重复事件的故障树情况相似，只是在每个门的输入事件指标排序中，重复事件被列在前面，即其指标值较小。②在故障树结构中相距较近的基本事件，在排序中也要保持相距较近。③重复次数较多的基本事件，应该给予优先考虑。可以对故障树中的基本事件重复次数进行统计，给出一个排序。

第三步：从故障树的底层中间事件开始，用基本事件置换中间事件，逐层向上，每置换一步，同时利用 ITE 结构进行编码。

第四步：求取顶事件的 BDD。根据以下 2 个规则合并：

设 $I=\mathrm{ITE}(x_i,f_1,f_0)$，$J=\mathrm{ITE}(x_j,k_1,k_0)$。

①若 $x_i<x_j$，则

$$I\langle \mathrm{OP}\rangle J=\mathrm{ITE}(x_i,f_1\langle \mathrm{OP}\rangle J,f_0\langle \mathrm{OP}\rangle J) \tag{3-18}$$

②若 $x_i=x_j$，则

$$I\langle \mathrm{OP}\rangle J=\mathrm{ITE}(x_i,f_1\langle \mathrm{OP}\rangle k_1,f_0\langle \mathrm{OP}\rangle k_0) \tag{3-19}$$

式中，$\langle \mathrm{OP}\rangle$ 为逻辑门布尔函数运算符，为 AND 或 OR。

设图 3-4 所示的某故障树结构中各基本事件的排序为 $x_1<x_2<x_3<x_4<x_5<x_6$，则根据上面步骤把图 3-4 所示的故障树转化为顶事件的 ITE 结构，具体如下：

$x_i=\mathrm{ITE}(x_i,1,0)$，这里 $i=1,2,\cdots,6$。

$T_1=x_2+T_2$；$T_2=x_3+x_4+x_5+x_6$；顶事件 $T=x_1\cdot T_1$。

根据式（3-18）可以求得 $T=\mathrm{ITE}\{x_1,[\mathrm{ITE}(x_2,1,\mathrm{ITE}(x_3,1,\mathrm{ITE}(x_4,1,$

ITE(x_5,1,ITE(x_6,1,0)))))],0}

故障树的 BDD 结构如图 3-5 所示。

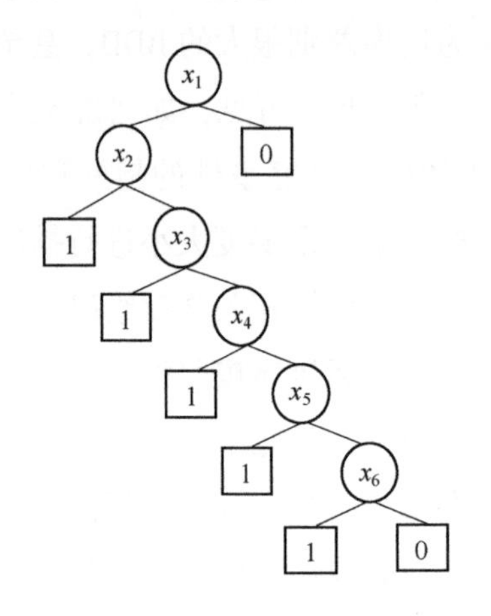

图 3-4　某故障树结构

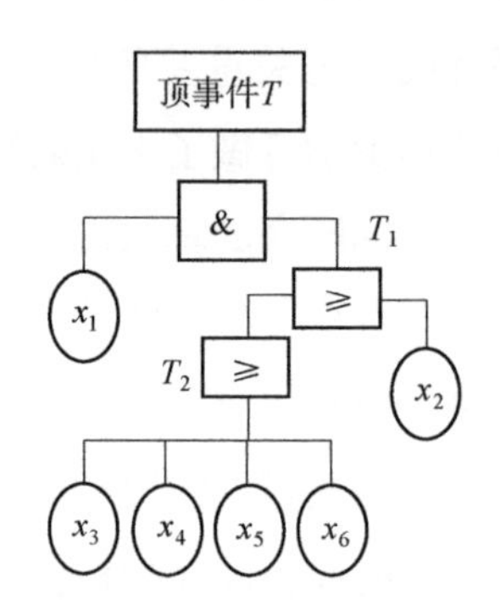

图 3-5　故障树的 BDD 结构

3.2.4.4　由 BDD 求取故障树的最小割集

对 BDD 进行遍历，搜索从根节点出发到终节点为编号 1 的路径，并保留路径中沿编号 1 方向边发展的非终节点，则由根节点、终节点以及这些保留的非终节点组成的一个集合就是系统的割集。对这些割集进行布尔函数运算法则吸收后，得到的就是最小割集。图 3-5 最小割集为 $\{x_1,x_2\}$，$\{x_1,x_3\}$，$\{x_1,x_4\}$，$\{x_1,x_5\}$ 和 $\{x_1,x_6\}$。

故障树的重要度分析和监测点的优化选取与 3.2.2 节和 3.2.3 节相同，这里不再重复。

3.2.5　基于故障树分析的 BIT 故障诊断策略设计

3.2.5.1　BIT 故障诊断策略设计模型

故障树分析用于分析系统故障产生的原因，计算系统各单元的可靠度以及对整个系统的影响，从而搜索薄弱环节，以便在设计中采取相应的改进措施，实现系统优化设计。在 BIT 故障诊断策略设计中，首先建立系统的故障树模型，用它来表达系统不同层次故障之间的逻辑关系以及关联程度，然后运用 ITE 结构和递归法将其转化为二元决策图（BDD），并基于 BDD 进行故障树定性和定量分析，最后构建基于最小割集和重要度 BIT 诊断决策树来指导 BIT 故障诊断，其模型如图 3-6 所示。采用基于 BDD 的故障树分析的主要原因是该方法能避免复杂的最小割集和不交化求解过程，可显著地减少布尔函数运算量，解决了传统的基于布尔函数运算法则的故障树分析中存在的“组合爆炸”问题。

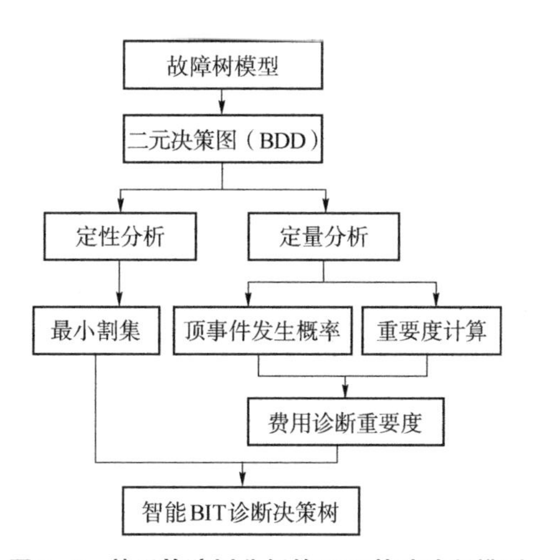

图 3-6　基于故障树分析的 BIT 故障诊断模型

3. 2. 5. 2　故障树定性分析的故障诊断方法

求得全部最小割集后，当很难对故障树中各个底事件和各个最小割集的发生概率做出计算时，无法进行定量分析，因此通常进行定性分析，并做故障推理与诊断，其故障推理与诊断方法如下。

1. 逻辑推理诊断法

逻辑推理诊断法，采用从上而下的测试方法，从故障树顶事件开始，先测试最初的中间事件，根据中间事件测试结果，判断下一级中间事件是否有故障，并进行测试。这样层层分析测试，直到测试底事件，搜寻到故障原因及部位。

2. 最小割集诊断法

一个最小割集代表系统的一种故障模式。故障诊断时，也可逐个测试最小割集，从而搜寻故障源，进行故障诊断。此处可以先根据每个最小割集所含底事件数目（级数）排序，在各个底事件发生概率比较小，差别相对不大的条件下，依据以下规则进行测试诊断：

①级数越小的最小割集越重要；

②低级最小割集中出现的底事件比高级最小割集中出现的底事件重要；

③在同一级最小割集的条件下，在不同最小割集中重复出现次数越多的底事件越重要。

3.3 基于多信号流图模型的监测点优化与诊断策略设计

3.3.1 多信号流图模型方法

目前具有代表性的测试性模型有ARINC公司的信息流模型（IFM）和Queltech公司的多信号流图（MSFG）模型以及广义随机Petri网（GSPN）模型。信号流模型由于它定义的测试和测试、测试和故障结论之间的关系是二值的，因此系统复杂度的增加会使测试和故障结论之间的相关性变得非常复杂，这样建立的测试性模型就会产生很大的偏差，导致目前使用较少。广义随机Petri网模型建模的思路在于，测试性也可以像可靠性与维修性分析一样，采用随机模型来刻画系统的不同状态。建立基于GSPN的测试性模型，主要的工作就是把测试性的故障检测率、故障隔离率和虚警率映射到模型中。这样的模型建立好之后，可以用来考察系统的稳态可用度与测试性参数的关系，但对于BIT监测点的优化选取没有太大的帮助，不适合本课题的应用。

1994年，为克服信息流模型的不足，美国康涅狄格大学的K. R. Pattipati等人提出多信号流图模型。该模型不必建立系统完整的模型，只需对故障空间进行建模；系统的故障空间不是信息流模型假定的二值的，而是多维的，无须建立系统准确的定量关系，只需确定系统重要的功能属性。由于多信号流图模型覆盖了多个信息流模型，所以模型更加接近于系统的物理结构。此外，由于模型中的信号是独立的，信号之间不会相互影响，这些特征使多信号流图模型建模简单，模型的集成和验证都相对简单。

Queltech公司利用这种模型和相关理论开发了测试性工程与维修系统（Testability Engineering and Maintenance System，TEAMS）。它是一种利用分层有向图表示系统属性（结构、规格等）的相关关系，仅对故障传播建模的模型方法，可应用于复杂系统的测试性设计、故障模式影响及危害度分析、测试程度集（Test Program Set，TPS）开发、故障诊断和测试性评估等。多信号流图模型建立难度较小，而且与装备的结构联系紧密，由于多信号流图模型采用的是图论的方法来描述装备，所以分析使用也极为方便。

3.3.2　多信号流图模型的表示

3.3.2.1　多信号流图模型的主要观点

K. R. Pattipati等人提出的多信号流图模型，主要有以下观点：

①对于测试性设计及故障诊断而言，设计的目的是保证系统发生故障时能够容易地识别故障产生的原因，因此不必建立系统完整模型，只需对故障空间建模。

②系统的故障空间不是二值的，即不是简单的通过/失败（Pass/Fail）形式。故障空间与功能空间是互补的，而系统的功能空间是多维的，因此

故障空间也应是多维的。

③由于故障空间是多维的，所以没有必要建立系统准确的定量关系，只需确定重要的功能属性。

④存在两种截然不同的故障：功能故障（Functional Failure）和完全故障（General Failure）。前者指影响系统功能执行的故障；后者是通过阻碍信息流的流过，影响程度超过正常性能的承受能力，导致系统功能丧失的灾难性故障。

3.3.2.2 多信号流图模型的形式化定义

多信号流图模型的组成如下：

①系统构成元（部）件的有限集 $C=\{c_1,c_2,\cdots,c_L\}$；

②系统的独立信号集 $S=\{s_1,s_2,\cdots,s_K\}$；

③可用测试的有限集 $T=\{t_1,t_2,\cdots,t_N\}$；

④可用测试点（或探针测试点）的有限集 $\mathrm{TP}=\{\mathrm{TP}_1,\mathrm{TP}_2,\cdots,\mathrm{TP}_P\}$；

⑤测试点 TP_P 对应的测试集 $\mathrm{SP}=(\mathrm{TP}_P)$；

⑥元（部）件 c_i，作用信号集 $\mathrm{SC}(c_i)$；

⑦测试 t_j 检测信号子集 $\mathrm{ST}(t_j)$。

从概念上来看，一个多信号相关模型类似于在结构模型上叠加（单信号）相关模型集。因此，模型与系统的原理图近似。注意这里的“信号”等同于传递函数中的独立变量，或者组成系统性能规范的相互区分的属性。只要可能，“信号”之间应当区分明显和相互独立，确保一个信号存在故障而不影响其他信号。

3.3.2.3 多信号流图模型的节点构成及表示方法

多信号流图模型方法以有向图的方式表示故障影响传播路径，该模型有 4 类节点：

①模块（Module）节点。表示一个具有特定功能集的硬件。模块允许

分层建模，即一个模型图中的模块可以用另一个包含其子模块和其他节点的图加以详细描述。

②测试点（Test Point）节点。表示物理的或逻辑的测量操作位置。一个测试点允许有多项测试，可分为安全测试、性能测试和诊断测试。

③并联（AND）节点。表示冗余连接，应用于容错系统建模中。

④转换（Switch）节点。表示条件连接或因模型调整而内部连接的变动，应用于动态和反馈系统建模中。

与上面的节点相对应，多信号流图模型可以用特定的有向图来表示，表示方法如下：

①模块，用方框表示，每个节点代表实际系统的一个功能模块。

②测试点，用圆圈表示。

③与节点，用电路中与门的符号表示，引入与节点的目的在于有效地表达实际系统中的冗余结构。与节点的特点是，只有故障输入数目与总输入数目之比小于给定的 $M:N$ 时，输出才为故障（本书中假定 $M=N$，即输入全部故障，与节点输出才故障）。

④开关节点，用电路中开关的符号表示，由于实际系统可能具有多种工作模式，各工作模式的故障传递关系各不相同，开关节点可以有效地进行表达。

⑤连线，带单向箭头的连线由 A 指向 B，表示故障由 A 向 B 传递。

3.3.3　监测点优化与诊断策略设计

基于多信号流图模型的监测点优化与诊断策略设计方法如图 3-7 所示。对于给定的系统，先熟悉结构和功能，再进行电路功能原理分析，分析系统各模块之间交联关系，找出故障传递关系，在合适位置添加与分配测试，构建系统的多信号流图模型。由多信号流图模型可完成反馈回路分析，生成故障-测试相关性矩阵。相关性矩阵是一种能反映各故障组元与测试信号之间相关性的模型，是相关模型的矩阵表示。在建立被测系统多信号相关性矩阵之后，应进行简化并同时识别未检测故障、冗余测试点和故障隔离模糊组。当相关性矩阵简化以后，就可以进行状态监测点的优化选择与诊断策略的形成。

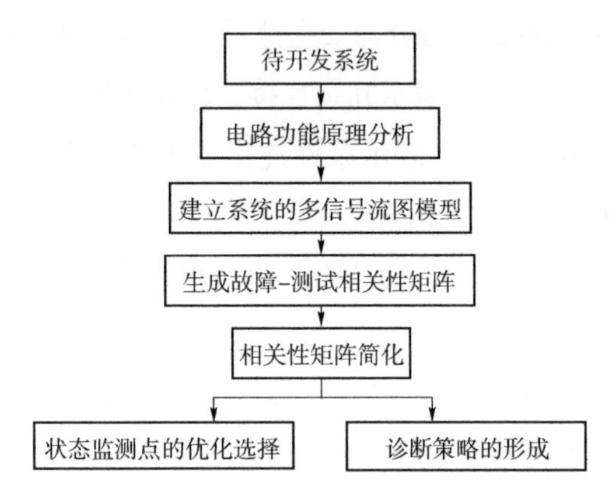

图 3-7 基于多信号流图模型的监测点优化与诊断策略设计方法

3.3.3.1 多信号流图模型的建立

给定的系统建立多信号流图模型，主要在以下前提下进行：

①对系统进行状态监测时，要求故障定位到板级或者每一个功能模块。

②多信号流图建模时，选取监测点可提供的信号描述假设为理想值。

③对故障进行隔离时，只考虑单故障的情况。因为系统电路很复杂，如果考虑多故障情况，多信号流图就会相当复杂，而且多故障同时发生的概率相对也小一些。

大多数情况下，多信号流图建模过程分为 4 个步骤：

①构建系统的结构模型、原理图或概念框图。在 TEAMS 软件中，系统的结构模型能够从 VHDL（超高速集成电路硬件描述语言）、EDIF（电子设计变换格式）模型中自动导入生成，或由图形用户界面结构建立。

②添加信号到模块和测试点。信号集能够从功能或传递函数基本变量中得出，通常对于任何独特的属性都可定义一个相联系的信号。

③调整模型以适应特定情形。

④模型有效性验证。

本章采用的多信号流图模型分析主要依靠人工分析，目的是验证该方法在 BIT 状态监测点选取中的可行性。多信号相关性建模的过程如下：

①先分析系统各模块之间交联关系，画出故障传递关系。

②在合适的位置添加测试。

③再给各模块与各测试分配信号。

④最后得出相关性矩阵。

多信号流图模型的构建具有以下 3 个特点：

①多信号流图模型的构建可以由简而繁，逐步完善，即在开始阶段先根据一些常识性的知识和系统结构组成构建系统的初步模型，其后随着对系统认知的深入和应用需求的提出，通过在已有模型上增加定义信号等逐步完善模型。

②多信号流图模型的构建与测试点的设置无关。

③由于上述 2 个特点，多信号流图模型可以应用于产品设计早期阶段，贯穿于整个产品的全寿命过程。

3.3.3.2　相关性矩阵及简化原则

多信号相关性建模有相关性图示模型和相关性数学模型 2 种，而对应的多信号流图模型有 2 种表示方法：图形法和矩阵法。在多信号流图模型中，被测对象组成单元故障划分为功能故障和完全故障 2 种类型，分别以符号 F 和 G 表示。

多信号流图模型的图形表示方法是在被测对象功能结构框图或原理图的基础上，以分层有向图表示信号流方向、各组成单元的构成及相互连接关系，并标注各个组成单元作用信号、测试点的位置和编号及所进行测试和检测信号等信息，以此表明各组成单元、测试点与信号之间的相关性关系。

多信号流图模型的矩阵表示为“组成单元故障类-信号检测”相关性矩阵。在一个系统中，可能的故障源有 m 个，同时有 n 个被测信号，那么其相关性矩阵 $\boldsymbol{D}$ 就是一个 $m\times n$ 的矩阵，d_{ij}表示第 i 个故障发生时第 j 个被测信号应有的输出。当系统有多个故障发生时，被测信号的输出为相关性矩阵 $\boldsymbol{D}$ 中相应故障列元素相“或”以后的结果。多信号流图模型的矩阵如式（3-20）所示：

$$\boldsymbol{D}_{m\times n}=\begin{bmatrix} d_{11} & d_{12} & \cdots & d_{1n} \\ d_{21} & d_{22} & \cdots & d_{2n} \\ \vdots & \vdots & & \vdots \\ d_{m1} & d_{m2} & \cdots & d_{mn} \end{bmatrix} \tag{3-20}$$

其中，第 i 行矩阵为

$$\boldsymbol{F}_i=[d_{i1} \quad d_{i2} \quad \cdots \quad d_{in}] \tag{3-21}$$

表示第 i 个组成单元（或部件）故障在各测试点上的反应信息，它表示 $\boldsymbol{F}_i$ 与各个测试点 $\boldsymbol{T}_j(j=1,2,\cdots,n)$ 的相关性。

第 j 列矩阵为

$$\boldsymbol{T}_j=[d_{1j} \quad d_{2j} \quad \cdots \quad d_{mj}]^{\mathrm{T}} \tag{3-22}$$

表示第 j 个测试点可测得各组成部件的故障信息，它表明与 $\boldsymbol{T}_j$ 各组部件 $\boldsymbol{F}_i$ $(j=1,2,\cdots,m)$的相关性。其中，

$$d_{ij}=\begin{cases} 1 & \text{当 } \boldsymbol{T}_j \text{ 能够测得 } \boldsymbol{F}_i \text{ 故障时（} \boldsymbol{T}_j \text{ 与 } \boldsymbol{F}_j \text{ 相关）} \\ 0 & \text{当 } \boldsymbol{T}_j \text{ 不能测得 } \boldsymbol{F}_i \text{ 故障时（} \boldsymbol{T}_j \text{ 与 } \boldsymbol{F}_j \text{ 无关）} \end{cases}$$

在建立被测对象的多信号相关性矩阵之后，就可进行简化，简化过程如下：

①找出相关性矩阵 $\boldsymbol{D}$ 中为 0 的行，并在 $\boldsymbol{D}$ 中取消该行；

②比较相关性矩阵 $\boldsymbol{D}$ 中各列，如果有两列或者两列以上元素相同，则对应信号互为冗余测试，选用其中容易实现或者测试费用少的一个即可；

③比较相关性矩阵 $\boldsymbol{D}$ 中各行，如果有两行或者两行以上元素相等，则

对应的故障类型是不可分的，可作为一个故障隔离模糊组处理，并在相关性矩阵中合并这些相等的行。

3.3.3.3 状态监测点的优化选择

对相关性矩阵进行简化后，对应的监测点的数量就有所减少，在此基础上还可以对状态监测点进行优化选择。雷达 BIT 状态监测的主要目的是判断被测单元是否存在故障，因此应选择组成单元故障类多的信号优先进行检测，从而以最少的测试判定被测单元中是否存在故障。

设简化后的被测单元“组成单元故障类–信号检测”相关性矩阵为$\boldsymbol{D}=[d_{ij}]_{m\times n}$，则第 j 个测试（信号检测）的故障检测权值（提供故障检测用信息的相对度量）WFD_j 可用下式计算，即

$$\mathrm{WFD}_j = \sum_{i=1}^{m} d_{ij} \tag{3-23}$$

计算出各个测试的 WFD 之后，选用其中 WFD 最大者为优先故障检测用测试。用其对应的列矩阵 $\boldsymbol{T}_j$ 把矩阵 $\boldsymbol{D}$ 一分为二，得到两个子矩阵，即

$$\boldsymbol{D}_P^0=[d]_{z\times(n-1)},\ \boldsymbol{D}_P^1=[d]_{(m-z)\times(n-1)} \tag{3-24}$$

式中，$\boldsymbol{D}_P^0$ 为 $\boldsymbol{T}_j$ 中等于 0 的元素所对应的行构成的子矩阵；$\boldsymbol{D}_P^1$ 为 $\boldsymbol{T}_j$ 中等于 1 的元素所对应的行构成的子矩阵；z 为 $\boldsymbol{T}_j$ 中等于 0 的元素的个数；P 为下角标，为选用测试点测试所检测信号的序号。

选出第一个测试后，$P=1$。如果 $\boldsymbol{D}_P^0$ 的行数不等于 0（$z\neq0$），则对 $\boldsymbol{D}_P^0$ 再计算 WFD，选其中 WFD 最大者为第二个故障检测用测试，并再次用其对应的列矩阵分割 $\boldsymbol{D}_P^0$。重复上述过程，直到选用故障检测用测试对应的列矩阵中不再有为 0 的元素。如果在选择故障检测用测试的过程中，出现的 WFD 最大值对应多个测试，那么可从中选择一个容易实现的测试。

3.3.3.4 诊断策略的形成

诊断策略是指故障检测和故障隔离的测试顺序。基于多信号图模型的诊断策略是在被测对象多信号流图模型的基础上，根据相应的测试优选算

法，以测试优选后的先后顺序来制定。诊断策略的制定以测试的优选结果为基础，首先优选故障检测用测试，如测试结果正常（以 0 表示），继续进行优选故障检测用测试，如果测试结果不正常（以 1 表示），转入故障隔离程序，优选故障隔离用测试。当已知被测对象存在故障，则直接优选故障隔离用测试进行故障隔离。

3.4 本章小结

本章主要介绍雷达 BIT 状态监测点的优化选取与诊断策略设计方法。首先分析了监测点的类型、监测点选择与设置的基本原则与方法，然后介绍了故障树分析（FTA），给出了基于故障树分析的 BIT 状态监测点选取与诊断策略设计方法；利用 BDD 简化算法，给出了基于 FTA 与 BDD 的雷达 BIT 状态监测点的优化选取与诊断策略设计方法，并结合实例验证了算法的有效性；介绍了多信号流图（MSFG）模型，给出了基于多信号流图模型的雷达 BIT 监测点优化与诊断策略设计方法，并结合实例进行了分析。上述方法可减少监测系统的复杂性，避免诊断推理过程的盲目性，提高故障诊断效率。

第4章 雷达智能BIT整机性能监测

常规BIT对雷达的状态监测能力有限，在无明显故障征兆的情况下，不能监测整机性能指标的变化，而整机性能的变化（下降）直接影响着雷达的作战能力。例如，在导航、制导与跟踪雷达中，幅相一致性不好会使雷达对目标的跟踪发生偏差（或跟踪不上），导致系统对目标不能实施正确的跟踪或打击。因此，BIT对雷达的功率、灵敏度、噪声系数等整机性能指标进行有效的监测非常重要。随着ATE技术、虚拟仪器技术、总线技术的发展及其在雷达BIT中的应用，对雷达的整机性能进行监测成为可能。

4.1 雷达智能BIT整机性能监测的可行性探讨

雷达整机性能的测试，从传统意义上讲，一般在装备研制、出厂、整机修竣或部队使用一段时间时进行，需要大量的仪器仪表，有着非常复杂的测试方法，那么在雷达BIT中，是否有必要并能否实现关键性能指标的在线监测是首先要讨论的问题。

4.1.1 雷达BIT状态监测的特点与需求

随着电子技术和计算机技术的发展，雷达的体制、构成及信号关系越来越复杂。同时，在高技术战争中雷达的工作环境也日益严峻，需要面临来自综合电子干扰、隐形飞机、低空超低空突防、反辐射导弹（ARM）等武器的威胁，这些困难严重威胁了雷达的生存。为了保存自己同时获取敌方尽可能多的信息，现代雷达系统采用最先进的微电子技术、计算机技术、现代信号处理技术等，系统体积小，质量轻，功能丰富，具有多功能、集成化、数字化、模块化、信号多样化、调制方式复杂化、频带宽带化、网络化、智能化等特点。

上述特点使雷达 BIT 监测的内容和范围越来越广泛。监测可以在元器件/芯片级、印制电路板级到功能单元级、子系统级、系统级等不同级别进行；可以对雷达发射信号参数、雷达接收机性能参数和雷达系统性能参数等不同方面进行监测；还可以对特殊雷达体制所要求的性能指标（如脉冲多普勒雷达接收机的灵敏度、角跟踪特性、距离跟踪性能、接收机多普勒频率覆盖范围等技术参数）进行监测。

雷达整机性能指标的好坏直接关系到雷达效能的发挥，对整机性能的监测是衡量雷达是否处于最佳工作状态的主要手段。通常雷达的状态可以分为正常状态、异常状态和故障状态 3 种情况。正常状态是指雷达整体或其局部没有缺陷，或虽有缺陷但其性能仍在允许的限度以内。异常状态是指缺陷已有一定程度的扩展，使雷达相关信号发生一定的变化，性能已经劣化，但仍能维持工作。此时雷达应在监护下运行，开始制订相关检修计划。故障状态是指雷达性能指标已明显下降，不能维持正常的工作。一种情况是常规 BIT 不能对雷达的整机性能进行监测，有些整机性能下降的异常状态任其发展会导致灾难性故障，因此有必要监测整机性能指标的变化；另一种情况是常规 BIT 无故障征兆或故障指示，而雷达却出现功能故障（如雷达无法发现目标、跟踪失败或跟踪不稳定），这是因为雷达的整机状态出现问题，其往往不是某一部分出现硬故障的问题，而是系统整机性能参数变化（或调整不当）的问题。造成这一问题的原因是没有对雷达的整机状态（如和差通道的幅相一致性、角跟踪通道的误差斜率、接收机灵敏度和噪声系数等）进行有效监测。这里和差通道是和通道、方位差通道与高低差通道的简称。

4.1.2　基于 BIT 与 ATE 结合的雷达整机性能监测

4.1.2.1　ATE 技术的发展

自动测试设备（ATE）是指用来完成测试任务的全部硬件和操作系统软件。近年来 ATE 技术得到了快速的发展，特别是军用 ATE 方面有以下 4 个发展趋势：

①从专用型向通用型方向发展。早期人们仅侧重自动测试设备本体的研制，近年来则着眼于建立整个自动测试体系结构，注重自动测试设备的研制和测试程序的开发以及人工智能的应用，ATE 向着通用型、多功能测试系统发展。

②向小型化、便携化、集成化方向发展。采用一台小型、可方便携带、多功能的测试仪器/系统来完成雷达等电子装备的检测和维修任务，可节省人力、物力和财力。这是军用 ATE 所追求的目标和发展方向。

③由物理仪器向虚拟仪器发展。虚拟仪器可用很少必要的硬件，完全依靠高速计算机的软件设计方法完成 ATE 的功能。这种设计进一步缩小 ATE 的体积，减轻其质量，增强其实用性和灵活性。

④测试软件工程化技术进一步发展。测试软件工程化技术是指将装备管理规划机构、ATE 研制生产单位、软件设计、维修与使用有关人员组织起来，用软件工程思想方法指导测试软件生产周期全过程，以便共同开发性能优异的诊断测试软件及标准。它可以最低限度地减少 ATE 研制过程的软件测试成本费用，提高 ATE 的通用性，并可适应多级维修体制及多种测试对象的应用要求。

据统计，采用先进的 ATE 技术，能够使维修测试效率提高 10 倍以上，故障隔离率提高 30%以上，并可在其寿命周期内节省 20%以上的测试维修保障费用。

4.1.2.2 虚拟仪器及总线技术的发展

同传统仪器相比，虚拟仪器只需利用必要的硬件通过计算机软件实现测试功能，具有开放性、模块化、复用性和互换性等特点。虚拟仪器目前几乎成为基于计算机测量的标准公式，凭借其低成本、高性能、小尺寸、易升级、用户自定义，以及扩展性强、开发时间少等优点，虚拟仪器具有强大的生命力和竞争力，成为测量技术发展趋势。

总线技术受计算机技术的影响非常深刻，其发展迅速，经历了 ISA、PCI、PC/104 等发展阶段，目前测试总线分为以 VXI、PXI 为代表的测试机箱底板总线和以 GPIB、SCXI、MXI、USB 及 FireWire 为代表的互连总线。

经过几十年的发展，虚拟仪器的种类不断丰富，功能不断增强，已由过去基于 PC 总线和 GPIB 总线的虚拟仪器发展到今天可满足 VXI、PXI 总线标准的虚拟仪器。特别是 USB、FireWire 新型总线由于其简单、快速、价格便宜，将在未来的虚拟仪器中得到广泛的应用。虚拟仪器代表了 ATE 发展的新境界，是 ATE 发展的必然趋势。

4.1.2.3 BIT 与 ATE 技术的结合

在本书绪论中我们讨论过智能 BIT 的发展趋势之一就是与 ATE 相融合。由于受 10%软硬件增量限制，BIT 不可能完全完成性能监测，达到较高故障隔离率要求，因此必须借助 ATE 来共同完成性能监测。为减少 ATE 设备种类和降低保障费用，ATE 正朝着小型化、模块化、便携化、通用化方向发展。同时，BIT 的功能更加强大，逐步具有了很多原先 ATE 才具备的故障检测、隔离、定位功能。高速计算机和集成电路性能的提升，使 BIT 能在短时间内处理大量信息，BIT 的监测能力及故障覆盖率大大增加，故障定位更加快速、准确。BIT 与 ATE 配合使用，取长补短，完全能实现雷达整机性能的监测功能。

智能BIT的另一发展趋势就是向综合测试发展。传统BIT功能单一，不能满足复杂电子系统和设备的测试、检测和故障诊断需要，而新型BIT所担负的任务不仅限于测试、检测，还包含诊断、控制、保护，具有综合状态监测、复杂故障诊断、精确故障定位、反馈控制、重要部件保护等多种功能。BIT的结构日趋复杂，功能日趋强大，正逐渐发展成集状态监控、性能监测、功能判断、故障诊断和保护控制于一体的综合测试系统。正是BIT与ATE技术的结合使雷达整机性能监测的实现成为可能。

4.2 整机性能监测总体方案

4.2.1 整机性能监测结构模型

雷达智能BIT整机性能监测结构模型如图4-1所示。整机性能监测是雷达智能BIT监测诊断系统的重要组成部分。雷达智能BIT监测诊断系统从功能上分为控制保护、故障诊断、性能监测（包括整机性能监测）和系统决策4个部分，从结构上分为常规参数监测模块、整机性能监测模块和综合故障定位模块3个部分。不管从功能上还是结构上划分，它们之间都有着一定的对应关系，而且包括整机性能监测的内容。雷达的分系统很多，包括接收系统、发射系统、信号处理系统、显示系统等，这里用分系统1、分系统2等表示，需要监测的性能指标有雷达的功率、灵敏度、噪声系数、幅频特性、改善因子等。

雷达智能BIT监测诊断系统（机内测试设备）位于雷达装备内，是雷达系统整体的一部分。由于BIT受10%软硬件增量限制，为了简化设计、提高可靠性，选用嵌入式计算机、虚拟仪器（或ATE）模块和测试附件共同构成整机性能监测系统的硬件平台。虚拟仪器由万用表、示波器、I/O 模块、A/D 变换器等通用仪器模块和微波信号源、固态噪声源、微波功率计、函数发生器、频率计、幅相特性测试仪等专用仪器模块组成。

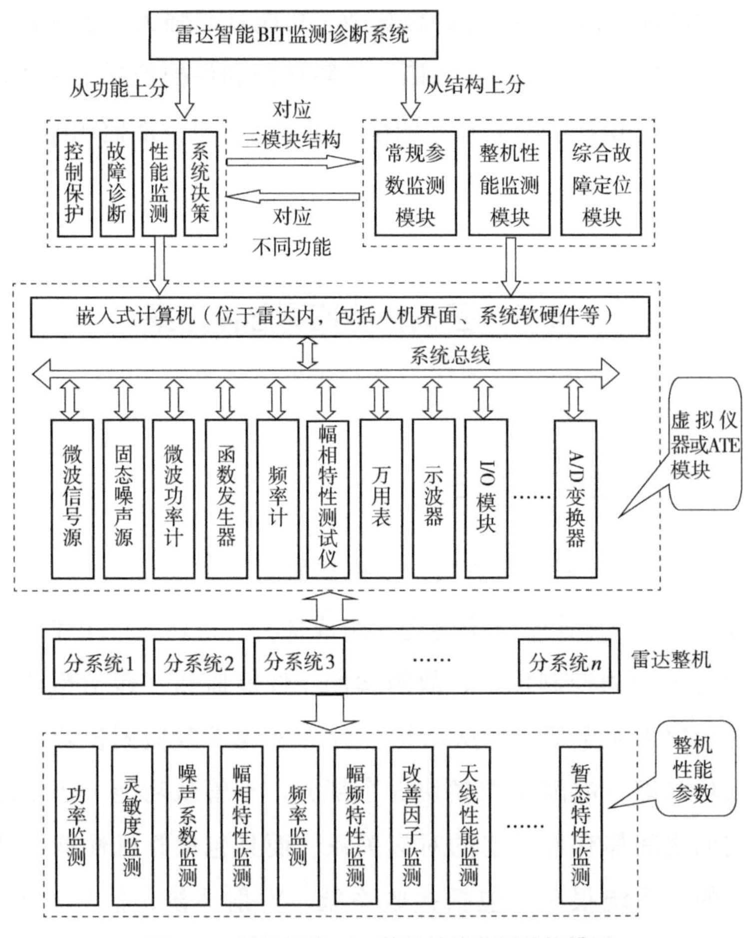

图 4-1 雷达智能 BIT 整机性能监测结构模型

整个监测系统由嵌入式计算机（包含系统总线）监测设备、监测程序集（包含监测程序和接口适配器）、平台支持与控制软件组成。雷达智能 BIT 状态监测系统根据需要可调用整机性能监测模块；在整机性能监测模块中，嵌入式计算机根据不同的性能指标监测需要调用不同的虚拟仪器；

在监测程序的控制下，给出相应的激励信号，实施某个性能指标的测试过程。同时，利用虚拟仪器读取关键监测点的相应参数（电压、电流、频率、功率等），再由嵌入式计算机计算出相应的性能指标，通过人机界面显示或给出提示信息。

4.2.2　整机性能监测工作流程

在雷达整机性能监测中，部分监测项目要外加激励，需要有一定的切换，有些会影响雷达通道的工作，因此采用启动 BIT 方式进行雷达整机性能监测。整机性能监测有自动和人工两种方法。采用自动监测时，雷达 BIT 按预先设置的顺序，对所有规定的雷达参数和战技性能指标进行一次全面的自动测试，并显示相应的结果；采用人工监测时，可按顺序进行单步测试，也可选择某个具体技术指标进行单独监测。雷达整机性能监测流程如图 4-2 所示。

雷达智能 BIT 监测诊断系统通过启动 BIT 方式进入整机性能监测模块，首先进行子系统设置，读取相关协议文件，选择被测雷达，系统的人机界面会显示装备名称及相关说明，接着 BIT 系统会调用相关的数据库，读取监测项目数及监测内容与步骤，在此处留有扩展口设置，可以增加相关的监测项目。下一步选择监测项目，同样可以采用自动或人工的方法，接着调用数据库中相关的测试步骤，同时人机界面也有相应的显示。在虚拟仪器（或 ATE）进行测试前，进行这些设备的预热及调零（或校准）。仪器设备有两类：一类是信号输出设备，作为激励源，如微波信号源、固态噪声源、函数发生器等，这些设备需要预先设置相关的参数；另一类是信号读取设备，如功率计、频率计、示波器等。设备读取的信息经过录取，然后进行数据处理，整机 BIT 结合该监测项目的指标参数及测试信息，对监测结果进行综合分析，显示雷达整机性能的测试结果，并根据测试结果给出系统重构、降级使用或更换维修等建议。

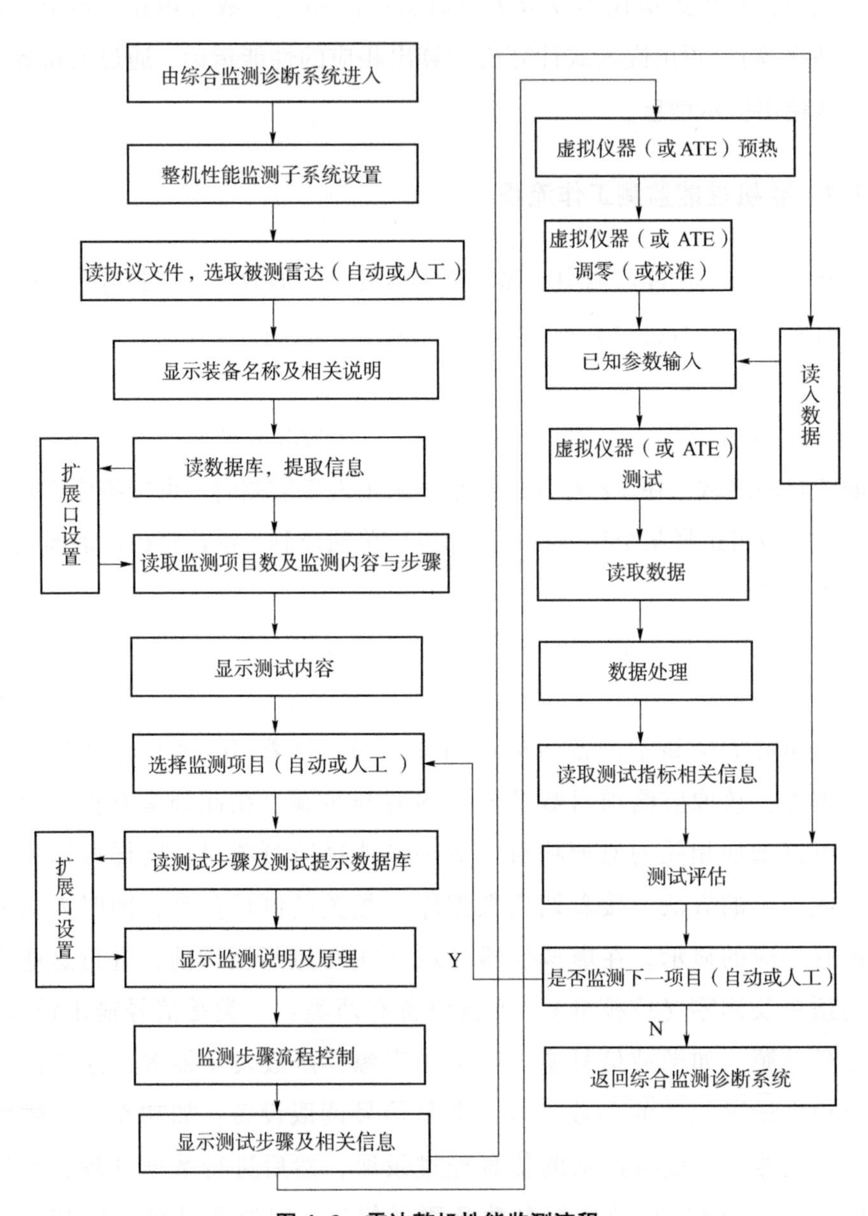

图 4-2 雷达整机性能监测流程

4.2.3　整机性能监测实现方式

4.2.3.1 整机性能监测设计基本原则

雷达 BIT 整机性能监测设计基本原则如下：

①BIT 设计必须从雷达方案论证开始，并和系统设计同步；

②BIT 方式应与雷达其他工作方式兼容工作，BIT 整机性能监测方式应与 BIT 其他工作方式兼容工作；

③BIT 整机性能监测的设置应尽量不影响雷达主通道的工作；

④BIT 模块的硬件设备量一般不超过系统的 10%，在硬件设置有困难时，尽量考虑用软件检测的方法，硬件和软件方法相结合；

⑤BIT 模块应具有通用性、兼容性和扩充性；

⑥BIT 模块自身的可靠性一般应比系统其他电路高一个数量级；

⑦模块连接器上可以存取所有 BIT 的控制和状态信号，从而可使自动测试设备（ATE）直接与 BIT 电路相连；

⑧BIT 整机性能监测的相关信息经过综合评估后，要满足雷达装备总体要求和有方便日常使用维护需求的报告显示。

4.2.3.2　总线方式及虚拟仪器的选择

对于监测系统，目前比较先进的 I/O 总线技术是 VXI 总线和 PXI 总线。VXI 总线主要用于满足高端自动化测试应用的需要，但是它基于过时的 VME 总线，而现代计算机不支持这种总线结构，因此它不能利用 PC 技术的优势，从而也不能将主流软件的支持、低成本、高性能等好处带给最终用户。PXI 总线为当前发展最快的总线测试技术，与 VXI 总线相比具有数据吞吐量高等优势。PXI 平台基于 PCI，因此它固有 PCI 的一些优点，即较低的成本、不断提高的性能，以及为最终用户提供主流软件模型。PXI 系统高度的可扩展性和良好的兼容性，以及比 VXI 系统更高的性价比，将使它成为未来大型高精度集成测试系统的主流虚拟仪器平台。因此，虚拟仪器（或 ATE）也采用基于 PXI 总线的各种虚拟仪器。在设计过程中，对于各种测试设备，有时单一的总线无法满足雷达监测的需求，且各种总线技术各有其优缺点，设计时可采用 GPIB、VXI、LAN 和标准并行/串行混合总线作为系统控制总线的结构体系，ATE 系统具有很好的开放性和扩展性。对于规模不大的监测系统，可以使用 PC/104 总线。

4.3 整机性能监测原理与方法

雷达 BIT 整机性能监测是以被监测参数的测量原理为基础来实现的，这里我们在分析测量原理的基础上探讨 BIT 整机性能的监测方法。

4.3.1 天线馈电线系统性能监测

馈电线系统用来将发射机产生的高频电磁能量传输至天线，同时又把天线接收的高频电磁能量传输至接收机；天线用来向空间定向辐射和接收电磁波。从天线馈电线系统的性能监测来讲，其主要是监测系统的驻波系数、幅相特性和天线方向性能。

4.3.1.1 驻波系数监测

天线馈电线系统的驻波系数（也称驻波比）非常重要。驻波系数太高，说明天线馈电线系统不匹配，发射机的大功率信号不能完全通过馈电线系统传输至天线，部分发射能量会反射回来，严重时会打火，甚至损坏馈电线系统或发射机，因此必须有相应的监测电路，当驻波系数高于一定的门限时，自动关断发射机。

馈电线系统由许多不同的馈线元件和连接馈线所组成。馈线的形式很多，雷达设备中常用的有平行传输线、同轴线、波导传输线、带状线等。

雷达通常是根据它的工作波段和传输线的结构特点来选用馈线的。下面以波导传输线为例来分析。

1. 驻波的定义

当传输线终端为阻抗 Z_L，正传输波与负传输波同时存在，这两种波相互作用用形成驻波。波的包络是固定不变的，所以称之为“驻”波。包络的最大值与最小值之间的比，称为驻波比（SWR）或驻波系数。包络出现最大值的点是入射波与反射波相加的点；包络出现最小值的点是入射波与反射波相减的点。驻波系数一般用电压驻波比（VSWR）来表示。

2. 驻波的测量原理

图 4-3 为驻波测量线结构示意。用 $S_1(t)$ 表示入射波，用 $S_2(t)$ 表示反射波，它们可以表示为

$$S_1(t)=A_1\mathrm{e}^{\mathrm{j}\beta d_1}=A_1\mathrm{e}^{\mathrm{j}\frac{2\pi}{\lambda}d_1} \tag{4-1}$$

$$S_2(t)=A_2\mathrm{e}^{\mathrm{j}\beta(d_1+2d_2)}=A_2\mathrm{e}^{\mathrm{j}\frac{2\pi}{\lambda}(d_1+2d_2)}=A_2\mathrm{e}^{\mathrm{j}\frac{2\pi}{\lambda}(d_1+l)} \tag{4-2}$$

式中，A_1 为入射波的幅度；A_2 为反射波的幅度；λ 为波长；d_1 为输入端与探针的距离；d_2 为反射端与探针的距离；l 为入射波与反射波之间的路程差。

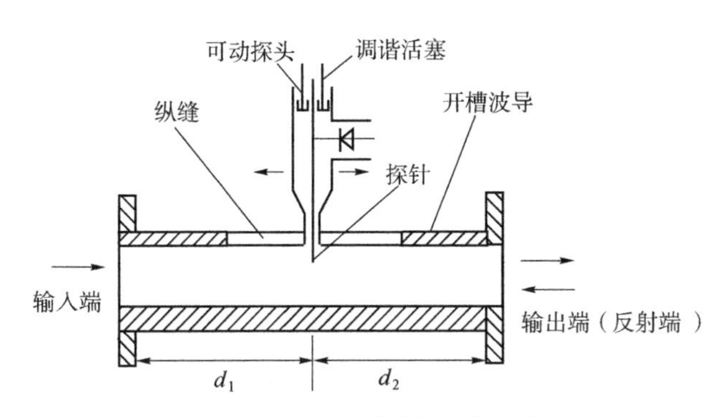

图 4-3　驻波测量线结构示意

使两路波相加并取其包络，驻波的大小可表示为

$$|S(t)|=|S_1(t)+S_2(t)|=|A_1\mathrm{e}^{\mathrm{j}\frac{2\pi}{\lambda}d_1}+A_2\mathrm{e}^{\mathrm{j}\frac{2\pi}{\lambda}(d_1+l)}|=\left|A_1\mathrm{e}^{\mathrm{j}\frac{2\pi}{\lambda}d_1}\left(1+\frac{A_2}{A_1}\mathrm{e}^{\mathrm{j}\frac{2\pi}{\lambda}l}\right)\right|$$

$$=A_1\left|1+\frac{A_2}{A_1}\cos\left(\frac{2\pi}{\lambda}l\right)+\mathrm{j}\frac{A_2}{A_1}\sin\left(\frac{2\pi}{\lambda}l\right)\right|$$

$$=A_1\sqrt{\left[1+\frac{A_2}{A_1}\cos\left(\frac{2\pi}{\lambda}l\right)\right]^2+\left[\frac{A_2}{A_1}\sin\left(\frac{2\pi}{\lambda}l\right)\right]^2}$$

$$=A_1\sqrt{1+\left(\frac{A_2}{A_1}\right)^2+2\frac{A_2}{A_1}\cos\left(\frac{2\pi}{\lambda}l\right)} \tag{4-3}$$

从式（4-3）中可以看出，SWR 的取值在最大（A_1+A_2）和最小（A_1-A_2）之间，根据式（4-3）可绘出 SWR 简图，如图 4-4 所示。

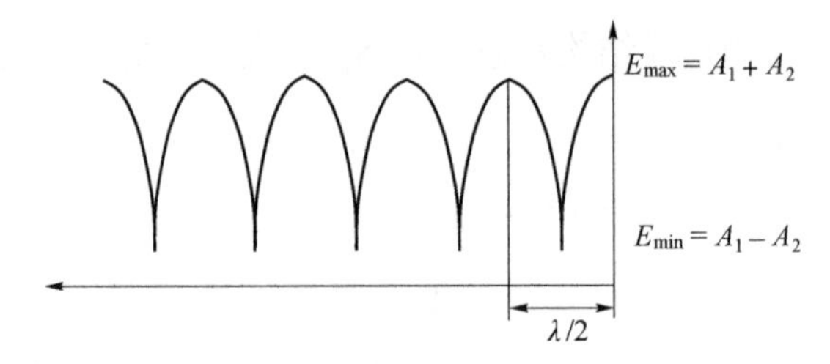

图 4-4 SWR 简图

3. 驻波系数监测方法

在实际的驻波系数监测中，不用定量的计算天线馈电线系统的驻波系数，只要进行门限判断。当天线馈电线系统的驻波系数超过一定值时，监测系统会给一个控制信号，使发射机停止工作，达到保护发射机和天线馈电线系统的目的。

驻波监测系统原理如图 4-5 所示。雷达发射机产生的大功率微波信号经过馈电线 1 后加到高功率环流器上，经过馈电线 2 后加到波导转换开关 1 上，正常情况下发射信号通过波导转换开关 1 到方位旋转关节、高低旋转关节，最后通过雷达天线向空间辐射。如果波导开关被转接，则发射机大功率就接到假负载上，假负载是由高功率衰减器和终端（短路片）组成。若存在驻波，假负载就起到了“正常负载”的作用。

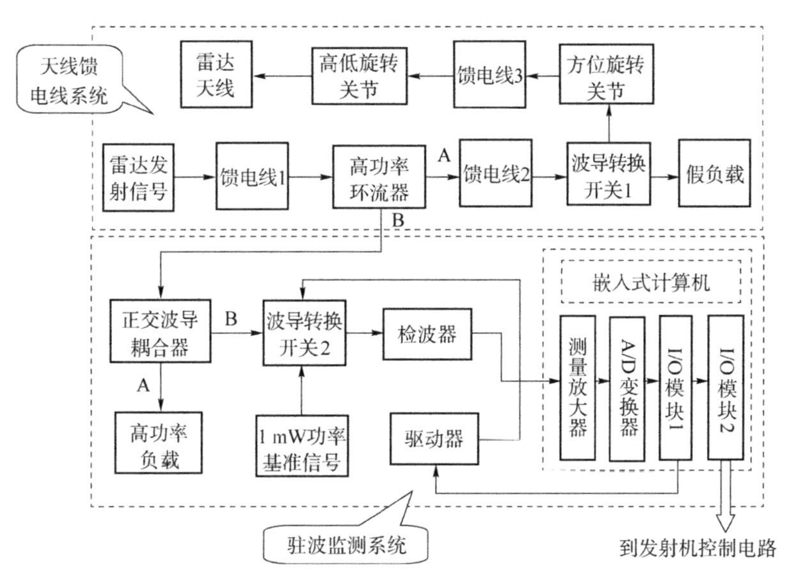

图 4-5　驻波监测系统原理

如果天线馈电线系统存在反射功率，反射功率就经高功率环流器的 B 端传输到 VSWR（电压驻波比）监测系统上。大部分反射功率通过正交波导耦合器 A 端后，被高功率负载吸收，小部分能量通过正交波导耦合器 B 端后，经检波器检波，变成直流电平。测量放大器用于将微弱的直流信号进行比例放大，该直流信号经过 A/D 变换器后被嵌入式计算机录取。波导转换开关 2 用于将 1 mW 功率基准信号切换到驻波监测系统，用于对系统的校准。

在嵌入式计算机内的测量放大器模块内有门限电路，驻波系数太大时，门限电路就产生检测信号“SWH Test”（驻波高检测），然后计算机通过 I/O 模块 2 输出相应的信号，这个信号到发射机控制电路，从而使发射机相关电路关闭，同时系统会给出相应的维修引导，如波导安装不当或接触不好、漏气、漏水等原因都可能引起驻波系数变大。I/O 模块 1 的作用是当驻波监测系统自检时，输出控制信号到驱动器，控制波导转换开关 2 将 1 mW 功率基准信号接入监测电路，进行校准使用。

4.3.1.2　幅相特性监测

多通道天线馈电线系统通道之间的幅相一致性是否满足要求，直接影响雷达的性能。在导航、制导与跟踪雷达中，幅相特性不好会使雷达对目标的导航、跟踪发生偏差，雷达的整机性能无法充分发挥，导致雷达对目标不能实施正确的跟踪或打击。

1. 幅相特性测量原理

幅相特性测量包括信号通道之间的信号幅度差测量和相位差测量。目前，信号幅度差的监测理论和方法已发展较为成熟，这里主要介绍信号相位差的测量原理。

1）相关法相位差测量原理

设被测信号为

$$u_1(t)=U_1\sin(\omega t) \tag{4-4}$$

$$u_2(t)=U_2\sin(\omega t-\varphi) \tag{4-5}$$

式中，φ 为相位差；ω 为角频率。显然，$u_1(t)$ 和 $u_2(t)$ 具有相关性，可以利用相关原理对 $u_2(t)$ 进行采样测量，再通过相关计算求得相位差 φ。

将式（4-5）展开得

$$u_2(t)=a\sin(\omega t)+b\cos(\omega t) \tag{4-6}$$

式中，$a=U_2\cos\varphi$；$b=-U_2\sin\varphi$。

将式（4-6）两边同时乘以 $\cos(\omega t)$ 后积分，得

$$\int_{t_1}^{t_1+T} u_2(t)\cos(\omega t)\,\mathrm{d}t = \int_{t_1}^{t_1+T} a\sin(\omega t)\cos(\omega t)\,\mathrm{d}t + \int_{t_1}^{t_1+T} b\cos^2(\omega t)\,\mathrm{d}t \tag{4-7}$$

式中，t_1 为任意值；T 为信号周期。由三角函数性质，可得

$$a=\frac{2}{T}\int_{t_1}^{t_1+T} u_2(t)\sin(\omega t)\,\mathrm{d}t \tag{4-8}$$

$$b=\frac{2}{T}\int_{t_1}^{t_1+T} u_2(t)\cos(\omega t)\,\mathrm{d}t \tag{4-9}$$

设 $N=T/\Delta T$，将式（4-8）、式（4-9）转换成离散函数，得

$$a=\frac{2}{N}\sum_{n=0}^{N-1}\sin(n\omega\Delta T)\cdot u_2(n\Delta T) \tag{4-10}$$

$$b=\frac{2}{N}\sum_{n=0}^{N-1}\cos(n\omega\Delta T)\cdot u_2(n\Delta T) \tag{4-11}$$

用 A/D 变换器对 $u_2(t)$ 进行采样得到 $u_2(n\Delta T)$，经过相关计算后，由式（4-12）就可以得到相位差，即

$$\varphi=\arctan\left(-\frac{b}{a}\right) \tag{4-12}$$

2）快速傅里叶变换（FFT）谱分析法测量原理

该方法的本质是对满足狄雷赫利条件的信号进行傅里叶变换，获得信号的基波参数，然后进行分析。

在有限区间 $(t,\ t+T)$ 内，绝对可积的任一周期函数 $x(t)$ 可展开成下列傅里叶级数：

$$\begin{aligned} x &= \sum_{n=0}^{\infty}[a_n\cos(n\omega t)+b_n\sin(n\omega t)] \\ &= A_0+\sum_{n=1}^{\infty}[a_n\cos(n\omega t)+b_n\sin(n\omega t)] \\ &= A_0+\sum_{n=1}^{\infty}[A_n\sin(n\omega t+\varphi_n)] \end{aligned} \tag{4-13}$$

式中，a_n 和 b_n 为傅里叶系数；φ_n 为 n 次谐波的初相位。其中，基波的初相位为

$$\varphi_1=\arctan\frac{a_1}{b_1}$$

式（4-13）中，两个傅里叶系数分别为

$$a_n=\frac{2}{T}\int_{-\pi}^{\pi}x(t)\cos(n\omega t)\mathrm{d}t;\ b_n=\frac{2}{T}\int_{-\pi}^{\pi}x(t)\sin(n\omega t)\mathrm{d}t$$

在相位差的测量中，只需求出基波的初相位 φ_1 即可。因此，FFT 谱分析法测量相位差的关键就是信号经过 FFT 前，先由连续信号变为离散时间信号，然后经过 A/D 变换器变为数字信号。于是，对于两个周期信号 $u_1(t)$ 和 $u_2(t)$，其基波的傅里叶系数分别为

$$a_{11}=\frac{2}{N}\sum_{k=0}^{N-1}u_1(k)\cos\frac{2\pi k}{N};\ b_{11}=\frac{2}{N}\sum_{k=0}^{N-1}u_1(k)\sin\frac{2\pi k}{N}$$

$$a_{21}=\frac{2}{N}\sum_{k=0}^{N-1}u_2(k)\cos\frac{2\pi k}{N};\ b_{21}=\frac{2}{N}\sum_{k=0}^{N-1}u_2(k)\sin\frac{2\pi k}{N}$$

$$\varphi_{11}=\arctan\frac{a_{11}}{b_{11}};\ \varphi_{21}=\arctan\frac{a_{21}}{b_{21}}$$

因此，两周期信号基波分量的相位差为

$$\varphi=\varphi_{21}-\varphi_{11}=\arctan\frac{a_{21}}{b_{21}}-\arctan\frac{a_{11}}{b_{11}} \tag{4-14}$$

2. 幅相特性监测方法

该监测系统聚焦天线馈电线系统和差通道高精度、宽测试范围内微波信号的幅度差和相位差监测技术，信号的检测与比较采用数字化的处理方法。以嵌入式计算机为核心，配以幅相特性测试虚拟仪器卡及其监测软件，组成雷达幅相特性监测系统，其原理如图 4-6 所示。嵌入式计算机用来控制管理整个系统，完成以下工作：①虚拟仪器模块的地址选择与驱动；②雷达微波信号和差通道幅度差、相位差数据的录取与处理；③幅相特性监测的自动引导。

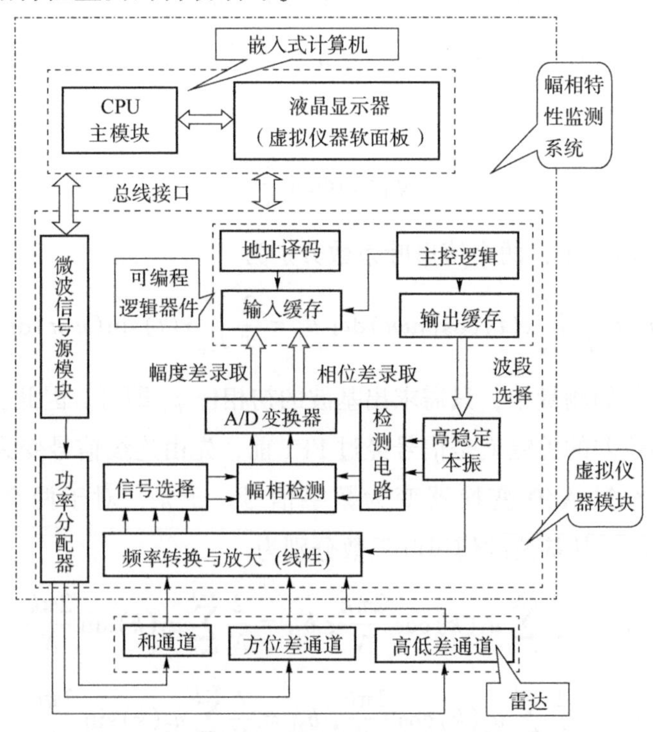

图 4-6 雷达幅相特性监测系统原理

该系统的核心是幅相特性监测虚拟仪器模块。在可编程逻辑器件内部实现端口地址译码、输入缓存、输出缓存、主控逻辑等功能。微波信号源用来输出对应雷达波段的微波信号，经过功率分配器分别输入雷达的和通道、方位差通道与高低差通道。要监测雷达天线馈电线系统的幅相特性，可在雷达接收机和差通道输入前分别进行幅度差与相位差读取。

幅相检测电路选用AD8302幅相检测芯片。该芯片是AD公司的用于RF/IF的幅度/相位测量的单片集成电路，采用高性能的SOI互补双极性IC制造工艺。AD8302芯片内集成一对精密匹配的对数检波放大器，可将误差及温度漂移降到最低。此外，它还包含一个乘法鉴相器，由对数检波放大器的输出限幅信号驱动，具有精确的相位平衡性能，使相位差测量的精度在其测量范围内不受信号电平的影响。其精确幅度差测量比例系数为30 mV/dB，精确典型值小于0.5 dB；精确相位差测量比例系数为10 mV/(°)，精确典型值小于1°（低频时更小）。幅相检测电路输出的幅度差电压和相位差电压送入A/D变换器。A/D变换器采用AD7685，它是一种快速、低功耗的14位高精度A/D变换器，采用5 V电源供电，有4个输入通道，可以同时对4路模拟电压信号进行采样，单通道的最大数据通过量为350 kSPS，4个通道同时使用时的最大数据通过量为100 kSPS。

幅相特性不好会直接影响对目标的截获与跟踪。当监测到幅相特性超过规定的范围时，系统会给出提示方法，如更换或调整雷达和差通道的移相器等。

4.3.1.3 天线方向性能监测

天线方向性能是雷达搜索、捕获、跟踪的核心部分。雷达天线的方向图的波瓣宽度、副瓣电平、交叉点电平、差波束零值深度等都是雷达整机性能的重要指标，因此实现雷达天线的方向图的监测很有必要。需要指出的是，对雷达天线的方向图进行监测，单靠雷达BIT不能完成，还需要外加信号源与辐射喇叭。

1. 方向图的定义与参数

天线的方向图（也称波瓣图）可以用来表示天线在不同方向的空间辐射特性，是表征天线性能的主要指标之一。天线方向性是指天线朝空间指定方向集中辐射电磁波的能力。方向图则是天线方向性的直观表示法，它可以根据天线的方向函数来描绘，也可以由离开天线一定距离处，测试不同方向上的辐射场强或功率密度来绘制。方向图可以画成直角坐标，也可以画成极坐标。一般极坐标表示法较直观，适用于波瓣较宽的方向图。直角坐标表示法可以灵活选择坐标的刻度大小，因而有较高的准确性，特别适用于绘制波瓣极窄的强方向性天线的方向图。方向图中场强或功率密度的大小采用相对单位，即百分数或分贝数（dB）表示，用分贝数表示的优点是可以表示相对辐射强度悬殊的情况。典型单脉冲雷达发射、接收方向图如图 4-7 所示。

1）波瓣宽度

波瓣宽度亦称波束宽度，用主波瓣最大值两边的辐射功率为最大值的 0.5 倍电平处的夹角来表示，通常记为 $2\theta_{0.5}$。它是雷达天线方向性强弱的指标，波瓣越窄，表示方向性越强。通常波瓣宽度亦可用近似值来求，即

$$2\theta_{0.5} \approx 1.3\frac{\lambda}{D} \tag{4-15}$$

式中，λ 为雷达工作波长；D 为天线反射体直径。

对于圆形抛物面反射体，其方位及高低两个平面波瓣宽度基本上是一样的。

2）副瓣电平

副瓣电平也称边主瓣比，用符号 q 来表示。副瓣电平的定义：假如天线只有一个主波束，则它是最大边瓣（也称副瓣）辐射功率极大值与主瓣辐射功率最大值之比。通常与主瓣相邻的第一个副瓣辐射功率最大，方向图的副瓣电平可以认为是第一副瓣辐射功率最大值与主瓣辐射功率最大值

之比。如图 4-7 所示，其副瓣电平为

$$q=\frac{P_1}{P_{\max}}或q(\mathrm{dB})=10\lg\frac{P_1}{P_{\max}} \tag{4-16}$$

3）交叉点电平

交叉点电平的定义：天线主瓣在抛物面轴线方向上的辐射功率与主瓣的辐射功率最大值之比，用符号 K 来表示。在圆锥扫描雷达天线的辐射器瞬时偏离抛物面轴线的任何方向上，其主波束在抛物面轴线方向上的辐射功率都是相等的。如果从方向图上来看，则各个主瓣在抛物面轴线方向上是相交的，如图 4-7 所示，其交叉点电平 K 为

$$K=\frac{P_0}{P_{\max}}或 K(\mathrm{dB})=10\lg\frac{P_0}{P_{\max}} \tag{4-17}$$

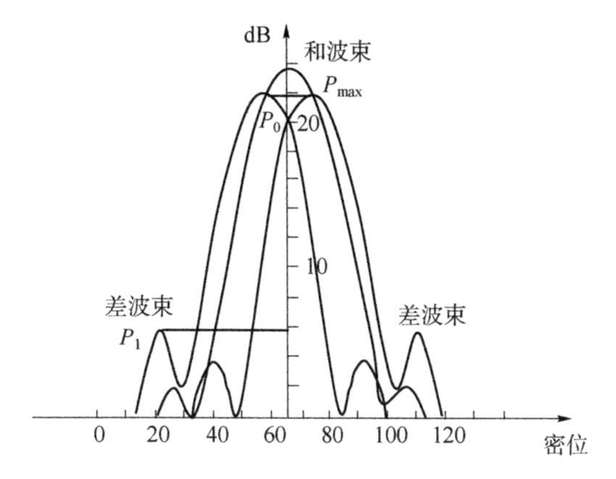

图 4-7　典型单脉冲雷达发射、接收方向图

2. 方向图测量原理

以圆口径抛物面天线为例进行分析。由天线理论可知，圆口径抛物面天线的辐射场 E 在球面坐标中可以表示为

$$E=\frac{\mathrm{j}}{2\lambda}(1+\cos\theta)\iint E_S\frac{\mathrm{e}^{-\mathrm{j}\alpha r_s}}{r_S}\mathrm{d}S \tag{4-18}$$

式中，E_S为天线口径上的场；r_S为天线口径上各点到测量辐射场的远区点 M 的距离；λ 为工作波长；$\alpha=2\pi/\lambda$ 为相位常数。

天线与其远区点的直角坐标如图 4-8 所示。根据球面坐标与直角坐标的变换，可得

$$r_S=\sqrt{(r\sin\theta\cos\phi-x_S)^2+(r\sin\theta\sin\phi)^2+r^2\cos^2\theta}$$

因为 $x_S \ll r$，$y_S \ll r$，将上式用二项式定理展开并取前两项得

$$r_S \approx r-x_S\sin\theta\cos\phi-y_S\sin\theta\sin\phi=r-\rho_S\sin\theta\cos(\phi-\phi_S) \tag{4-19}$$

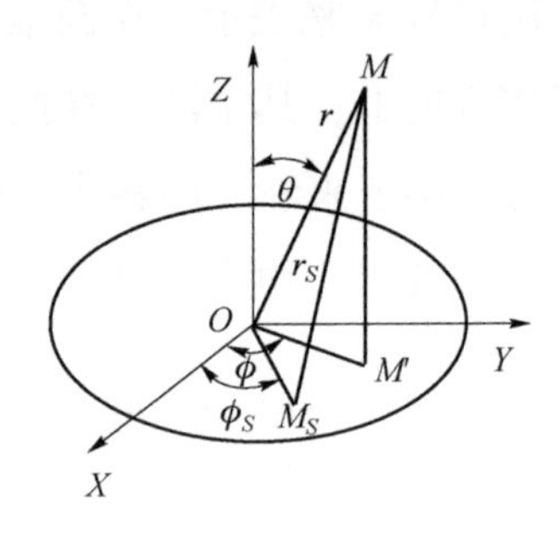

图 4-8 天线与其远区点的直角坐标

将式（4-19）代入式（4-18）并考虑 $dS=\rho_S d\rho_S d\phi_S$，可得

$$E=\mathrm{j}\frac{e^{-\mathrm{j}\alpha_r}}{2\lambda_r}(1+\cos\theta)\iint E_S e^{\mathrm{j}\alpha\rho_S\sin\theta\cos(\phi-\phi_S)}\rho_S d\rho_S d\phi_S \tag{4-20}$$

式（4-20）表明，若已知抛物面口径上各点的场强分布 E_S，就可以由上式求得空间任意一点 M 的辐射场。在实际应用中，没有必要考虑空间所有各点的辐射场，而只要确定两个互相垂直的 XZ 平面和 YZ 平面的辐射场。当天线口径上的场为线极化时，设电场方向沿 Y 轴，磁场方向沿 X 轴。

下面以 XZ 平面（H 平面）为例求其辐射场。在 XZ 平面上所有各点的坐标 $\phi=0$，将 $\phi=0$ 代入式（4-20），得

$$E_H=\mathrm{j}\frac{e^{-\mathrm{j}\alpha_r}}{2\lambda_r}(1+\cos\theta)\iint E_S e^{\mathrm{j}\alpha\rho_S\sin\theta\cos\phi_S}\rho_S d\rho_S d\phi_S \tag{4-21}$$

若已知口径上的场为均匀分布，设 $E_S=E_y=E_0$，代入式（4-21），并令 $A=\mathrm{j}\frac{e^{-\mathrm{j}\alpha_r}}{2\lambda_r}(1+\cos\theta)E_0$，可得

$$E_H = A\int_0^{\frac{D}{2}} \rho_S \mathrm{d}\rho_S \int_0^{2\pi} \mathrm{e}^{\mathrm{j}\alpha\rho_S\sin\theta\cos\phi_S}\mathrm{d}\phi_S = A\pi\frac{D^2}{4}\frac{2J_1(\phi)}{\phi} = AS\frac{2J_1(\phi)}{\phi} \quad (4-22)$$

式中，$J_1(\phi)$为第一阶贝塞尔函数；$\phi=\frac{\alpha D}{2}\sin\theta=\frac{\pi D}{\lambda}\sin\theta$；$S=\frac{\pi D^2}{4}$为口径的面积；$D$为口径的直径。

将$A=\mathrm{j}\frac{\mathrm{e}^{-\mathrm{j}\alpha_r}}{2\lambda_r}(1+\cos\theta)E_0$代入式（4-22），得

$$E_H=\mathrm{j}\frac{\mathrm{e}^{-\mathrm{j}\alpha_r}}{\lambda_r}E_0S(1+\cos\theta)\frac{J_1(\phi)}{\phi}$$

即

$$E_H=E_{H\max}F_H(\theta,0) \quad (4-23)$$

同理可以计算E平面的辐射场为

$$E_E=E_{E\max}F_E\left(\theta,\frac{\pi}{2}\right) \quad (4-24)$$

式（4-23）、式（4-24）中，$E_{H\max}=E_{E\max}=\mathrm{j}\frac{\mathrm{e}^{-\mathrm{j}\alpha_r}}{\lambda_r}E_0S$为$H$平面和$E$平面最大辐射方向上的场强值；$F_H(\theta,0)=F_E\left(\theta,\frac{\pi}{2}\right)=(1+\cos\theta)\frac{J_1(\phi)}{\phi}$为$H$平面和$E$平面的方向图。

于是可得出以下结论：①当抛物面口径上场强为均匀分布时，H平面和E平面的方向图的形状是相同的；②由于功率密度与场强的平方成正比，所以功率密度方向图H平面与E平面的形状也是相同的；③测量方向图时，只要确定两个互相垂直的H平面和E平面的辐射场；④要计算天线口径上场分布的准确数学表达式十分困难，工程上常采用直接测量的办法来确定天线的方向图。

3. *方向图监测方法*

天线方向图的监测是根据天线的互易性原理来进行的。所谓互易性，就是指任意形式的天线作为接收天线时，它的极化、方向性、有效长度和

阻抗等均和它作为发射天线时相同。据此，监测方向图时，就可以把被监测天线作为接收天线来进行。在满足远场测试条件下，由信号源及天线发射被监测天线工作范围内的电磁波，天线接收此信号，通过专用方向图监测模块将其相对幅度指出。一般被监测天线应在经过精确调平的雷达上，按一定的角度步进，从而得到不同方向上接收信号的相对幅度，即方向图。

天线方向性能监测系统原理如图 4-9 所示，CPU 主模块用来控制管理整个系统，用来完成以下工作：①控制雷达天线的自动转动；②回波信号幅度、天线当前角度数据的录取与处理；③雷达方向图监测的自动引导；④方向图中波瓣宽度、副瓣电平、交叉点电平、差波束零值深度等参数的计算及方向图的绘制与显示。

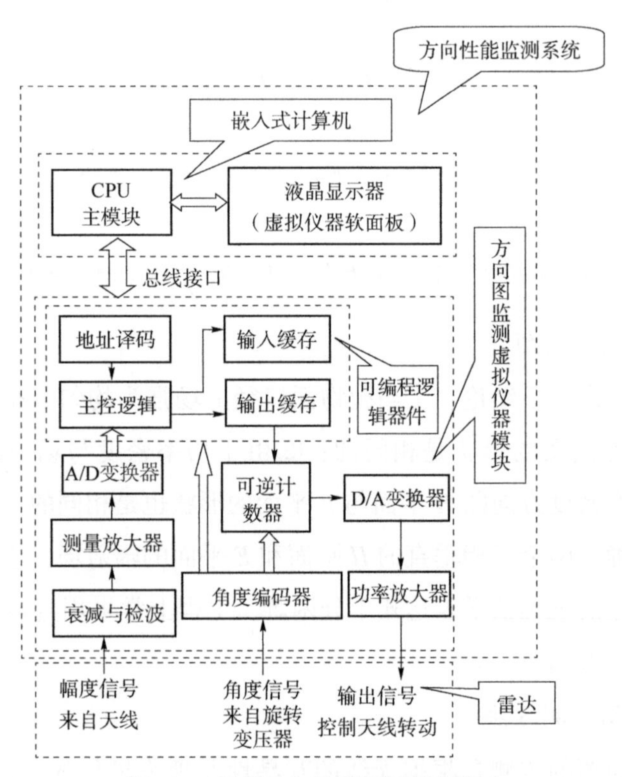

图 4-9　天线方向性能监测系统原理

方向图监测虚拟仪器模块是该监测系统的核心部分。衰减与检波用于对天线接收到的微波信号进行幅度调节并检波成直流信号，测量放大器及 A/D 变换器用来将来自天线的信号进行放大及模数变换，供计算机录取。因为雷达天线接收的信号非常微弱，必须进行放大后才能处理使用，所以微弱信号放大电路是天线方向图测试仪中不可缺少的一部分。根据被测天线输出信号的特征，为提高检测灵敏度和动态范围，本组合采用低噪声选频放大器和对数放大器组成的测量放大器，以适应通用信号源的输出功率和各种雷达天线的模拟信号变换为数字信号的要求。测量放大器的灵敏度≤-52 dB/mW，动态范围为 0~30 dB。天线转动控制信号由数控单元的可逆计数器、D/A 变换器、功率放大器和角度编码器组成闭环系统，以便对电机的控制准确、灵活。数控单元的输入脉冲序列由计算机软件程序产生。角度编码器用来将来自天线控制系统中旋转变压器的方位角和高低角的模拟信号转变为数字信号，一方面送给可逆计数器用于控制天线的进一步转动，另一方面送给计算机，其录取天线的角度信号，供方向图的参数计算及绘图使用。

4.3.2　接收系统性能监测

雷达接收系统的作用是将接收到的微弱信号予以放大、变换、信号处理等。接收系统在对信号变换和处理的过程中，微弱信号的波形参数、频谱结构、能量关系等在接收系统各功能电路中均发生相应的变化，最终为雷达测量与控制系统提供包含目标信息的各种信号。为了衡量雷达接收系统性能的优劣，人们确定了许多技术参数作为接收机在电性能等方面的质量指标，其中比较重要的是灵敏度与噪声系数。

4.3.2.1　灵敏度与噪声系数的定义

灵敏度表示接收机接收微弱信号的能力。接收机接收微弱信号的能力越强，则接收机的灵敏度越高，雷达的作用距离就越远。雷达接收机的灵敏度，通常是在接收机的终端设备能正常工作时，用接收机输入端所需要的最小可辨信号功率（P_{smin}）或天线上所需的最小感应电动势（E_{smin}）来表示的。当接收机的输入信号低于 P_{smin} 时，信号将被淹没在噪声干扰之中，不能可靠地检测出来。由于雷达接收机的灵敏度受噪声电平的限制，因此要提高灵敏度就必须减小噪声电平。减小噪声电平有两种方法：一是抑制外部干扰；二是减小接收机噪声电平。因此，一般雷达接收机都需要采用低噪声选频放大器和匹配滤波器。

噪声系数（F）定义为当规定输入端温度处于 $T_0=290$ K 时，网络输入端额定信号噪声功率比（P_{si}/P_{ni}）与输出端额定信号噪声功率比（P_{so}/P_{no}）之比值，其表达式为

$$F=\frac{P_{si}/P_{ni}}{P_{so}/P_{no}} \tag{4-25}$$

噪声系数是表示接收机内部噪声的一个重要质量指标。实际的 F 总是大于 1 的，如果 $F=1$ 则说明接收机内部没有噪声，这时的接收机就成了所谓的“理想接收机”。

接收机灵敏度与噪声系数的关系为

$$P_{smin}=KT_0B_nFM \tag{4-26}$$

式中，K 为玻尔兹曼常数；T_0 为 17 ℃下的热力学温度，$T_0=290$ K；B_n 为系统噪声带宽；M 为识别系数，M 的取值应根据不同体制的雷达要求而定。

当取 $M=1$ 时，接收机的灵敏度称为临界灵敏度。灵敏度有实际灵敏度和临界灵敏度之分，前者是评价雷达整机性能的参数，后者只表示接收机自身性能的好坏，但二者均可用来表示接收机接收微弱信号的能力。

4.3.2.2 灵敏度与噪声系数的测量原理

1. 灵敏度的测量原理

根据灵敏度的定义，测试灵敏度的实质，就是测量接收机输入端所需

要的最小可辨信号功率 P_{smin}。但由于雷达接收机输入端的最小可辨信号功率是非常微弱的，其值一般均为 $10^{-14}\sim10^{-12}$ W 的数量级，所以要对这种微弱的微波信号直接用功率计进行测量是十分困难的，甚至是不可能的。实际使用中，通常还以最小可辨信号功率 P_{smin} 相对于某额定功率 P_0 的衰减 dB 数 A 来表示，即

$$A=10\lg(P_{smin}/P_0) \tag{4-27}$$

因此，不用直接测量接收机输入端的最小可辨信号功率 P_{smin}，而是采用一个已知的功率经过精密衰减器再加到接收机的输入端，在保证接收机输出端的信噪比（或称识别系数）为 1∶1 时，通过精密衰减器的衰减量计算。由式（4-27）可知，只要能确定式中的 P_0 及 A 两个量，则能很容易地计算 P_{smin}。

接收机灵敏度的测试原理如图 4-10 所示。图中微波信号源的额定功率 P_0 是已知的，精密衰减器的衰减 dB 数 A 可由衰减器刻度曲线上查得。测试时，通过改变精密衰减器的衰减量，使接收机的终端器件（测实际灵敏度时）或者它的线性部分（测临界灵敏度时）输出端的识别系数 M 刚好为所定义的数值，这时加在接收机输入端的信号功率即最小可辨信号功率 P_{smin} 就是接收机的灵敏度。根据灵敏度的定义，测量实际灵敏度时，微波信号源应工作于脉冲状态，此时，当使雷达距离显示器上的信号脉冲幅度刚好“淹没”在噪声（常称为“茅草”）之中时，接收机输出端 $M=1$；测量临界灵敏度时，微波信号源工作于等幅状态，用直流电流表从接收机距离支路的检波器检波电流插孔中测量检波电流，当噪声电流与信号电流相等时（注意：此时除起始电流应除去外，万用表指示应为 2 倍的噪声电流），接收机输出端 $M=1$。

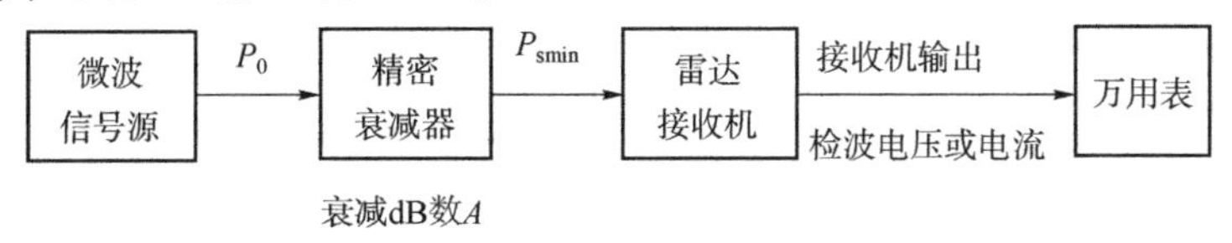

图 4-10　接收机灵敏度的测试原理

2. 噪声系数测量原理

当用噪声源测量噪声系数时，其原理如图 4-11 所示。这里首先介绍超噪比的概念。

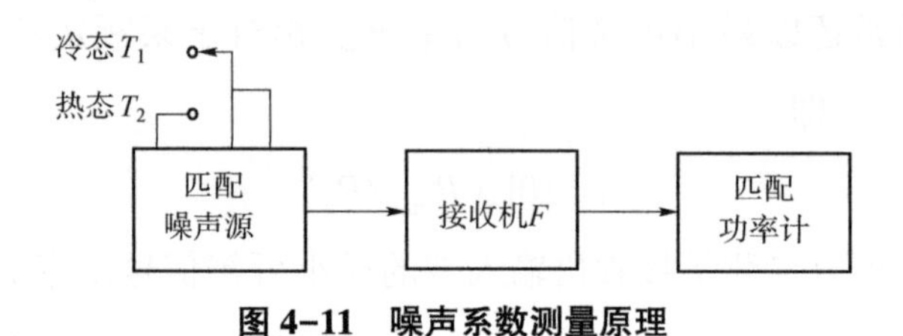

图 4-11　噪声系数测量原理

噪声源输出信号（噪声）超噪比定义为

$$\mathrm{ENR}=\frac{T-T_0}{T_0} \quad 或 \quad \mathrm{ENR}(\mathrm{dB})=10\lg\frac{T-T_0}{T_0} \tag{4-28}$$

式中，ENR 为 Excess Noise Ratio 的缩写，其含义是噪声源输出额定噪声功率超过标准噪声功率（内阻的热噪声功率）的倍数；T 为噪声源的额定等效噪声温度。例如，气体放电管和饱和二极管噪声源的额定等效噪声温度通常为 10 000~20 000 K，用 ENR 表示为 15.2~18.3 dB，可见用超噪比 dB 表示比较方便。

此时噪声系数公式可写为

$$F=\frac{P_{\mathrm{si}}/P_{\mathrm{ni}}}{P_{\mathrm{so}}/P_{\mathrm{no}}}=\frac{P_{\mathrm{si}}/(KT_0B_{\mathrm{n}})}{P_{\mathrm{so}}/P_{\mathrm{no}}}=\frac{\mathrm{ENR}}{P_{\mathrm{so}}/P_{\mathrm{no}}} \tag{4-29}$$

用 dB 表示为

$$F(\mathrm{dB})=\mathrm{ENR}(\mathrm{dB})-10\lg(P_{\mathrm{so}}/P_{\mathrm{no}}) \tag{4-30}$$

在实际的测量中一般使用功率倍增法（Y 系数法），该方法测量噪声系数的原理如图 4-12 所示。噪声源在冷态 T_1时，精密衰减器置 0 dB，记下毫伏表指示值 V_0。对于接收机中的平方律检波器，则 $P_{\mathrm{no}}=kV_0^2$，要使在热态 T_2时 $Y=2$，即 $P'_{\mathrm{no}}=kV_1^2=2P_{\mathrm{no}}=2kV_0^2$，式中 k 为比例常数，则有 $V_1=\sqrt{2}V_0$，此时 $P_{\mathrm{so}}/P_{\mathrm{no}}=1$。在热态 T_2，对于接收机中的平方律检波器，调节精密衰减器，使毫伏表指示值为$\sqrt{2}V_0$，则有 $Y=2(P_{\mathrm{so}}/P_{\mathrm{no}}=1)$，记下

精密衰减器衰减 dB 数 A，令此时接收机输入端的输入功率为 P'_{si}，则 $A=10\lg(P_{si}/P'_{si})$，P_{si} 为噪声源的输出额定功率，$P'_{si}=P_{si}/10^{A/10}$，接收机输入端的超噪比为

$$\mathrm{ENR}'(\mathrm{dB})=10\lg\frac{P'_{si}}{KT_0B_n}=10\lg\frac{P_{si}}{KT_0B_n\times10^{\frac{A}{10}}}=10\lg\frac{P_{si}}{KT_0B_n}-10\lg10^{\frac{A}{10}}=\mathrm{ENR}-A \tag{4-31}$$

则接收机噪声系数 F 为

$$F=\mathrm{ENR}'(\mathrm{dB})-10\lg(Y-1)=\mathrm{ENR}'(\mathrm{dB})=\mathrm{ENR}-A \tag{4-32}$$

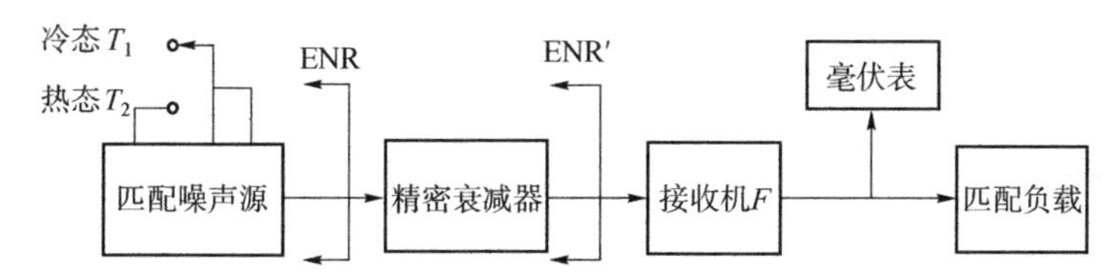

图 4-12　功率倍增法测量噪声系数的原理

4.3.2.3　灵敏度与噪声系数的监测方法

灵敏度与噪声系数监测原理如图 4-13 所示，系统由嵌入式计算机、虚拟仪器模块等组成。其中，嵌入式计算机控制管理整个系统，用来完成以下工作：①雷达工作状态（正常工作状态与 BIT 监测状态）的选择；监测内容的选择（灵敏度或噪声系数）。②接收机输入信号的控制（正常工作状态接收机输入雷达回波信号；灵敏度监测状态输入频综信号；噪声系数监测状态输入来自固态噪声源的白噪声信号）。③灵敏度与噪声系数监测的自动控制与引导。④监测结果的显示。

虚拟仪器模块是该监测系统的核心环节。由可编程逻辑器件组成系统的地址译码、主控逻辑、输出缓存与输入缓存。在灵敏度监测状态，雷达发射机不开高压，输出缓存输出控制信号，经过驱动电路后控制雷达的波导转换开关 1，选择雷达自身的频综信号（该信号频率即为雷达的工作频率）作为灵敏度监测的信号源使用。此时波导转换开关 2 将雷达正常工作

的回波通道切断，使灵敏度监测信号进入接收机的高频通道。在灵敏度监测信号进入接收机的高频通道之前，接收机中视频通道输出的基础噪声（一般是电压）进入信号调理电路，如果是电流则转换为电压，经过 A/D 变换器被计算机录取。频综输出的信号按同样的方法进行处理后被计算机录取，按照上述灵敏度测试原理，计算机输出通过输出缓存控制精密衰减器 1 的衰减量，从而控制微波信号幅度的大小，在保证接收机输出端的信噪比为 1∶1 时，就可以计算出雷达接收机的灵敏度。有关频综输出信号的功率定标问题，将在雷达功率监测部分分析。

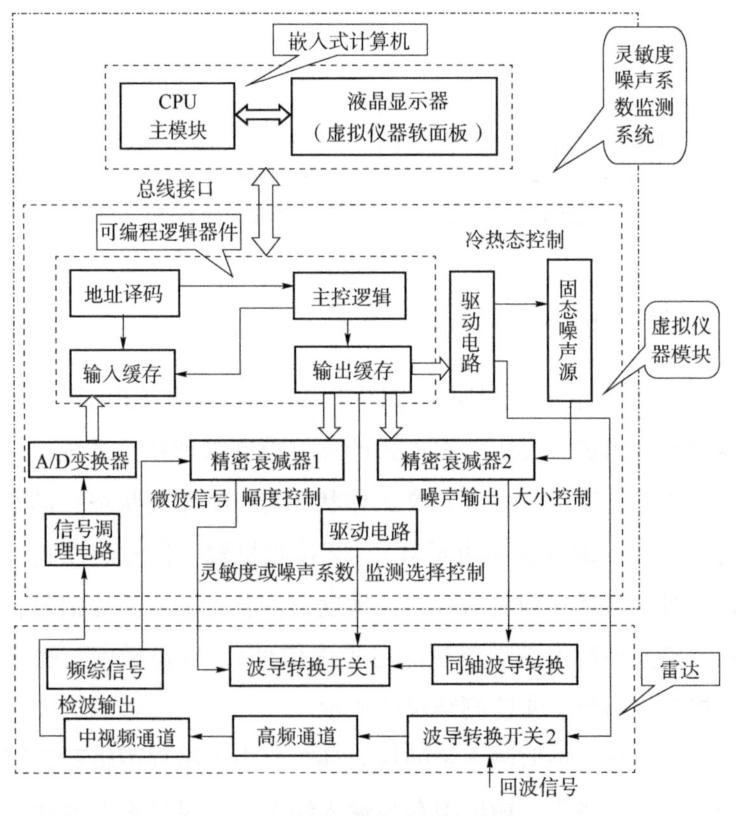

图 4-13 灵敏度与噪声系数监测原理

在噪声系数监测状态，雷达发射机不开高压，计算机的输出通过输出缓存控制精密衰减器 2 的衰减量，使精密衰减器 2 的衰减量为 0 dB，此时波导转换开关 2 将雷达正常工作的回波通道切断，使接收机自身的噪声（基础噪声，假设为 V_0）经检波输出后通过 A/D 变换器被计算机录取。此后输出缓存输出控制信号经过驱动电路后控制固态噪声源的工作状态，使之处于热态，输出噪声信号（频率范围为 0~12.4 GHz），由计算机通过输出缓存控制精密衰减器 2 的衰减量，使接收机检波器输出电压值为 $\sqrt{2}V_0$，由计算机利用此时精密衰减器 2 的衰减量 A 和噪声源超噪比 ENR 计算出噪声系数 F。

4.3.3　发射系统性能监测

发射系统的性能监测主要是对发射机输出的微波功率进行监测。

4.3.3.1　功率分类及其对雷达性能的影响

雷达发射机功率可分为峰值功率 P_t 和平均功率 P_{av}。P_t 是指脉冲期间射频振荡输出的功率。P_{av} 是指脉冲重复周期内输出功率的平均值。如果发射波形是简单的矩形射频脉冲串，脉冲宽度为 τ，脉冲重复周期为 T_r，则有

$$P_{av}=P_t\frac{\tau}{T_r}=P_t\tau f_r \tag{4-33}$$

式中，$f_r=1/T_r$ 为脉冲重复频率；$\tau/T_r=\tau f_r$ 为雷达的工作比。

根据雷达方程可知，发射机功率不仅是雷达发射系统的一项指标，而且也是雷达整机的一项重要参数。雷达发射系统的性能监测，主要是监测发射机的功率，看其是否满足指标要求。一般自由空间雷达方程表示为

$$R_{max}=\sqrt[4]{\frac{P_t\sigma A^2}{4\pi\lambda^2P_{smin}}} \tag{4-34}$$

式中，P_t 为发射脉冲的峰值功率，W；σ 为目标有效反射面积，m^2；A 为天线有效反射面积，m^2；P_{smin} 为接收机输入端最小可辨信号功率，W。

由式（4-34）可以看出，雷达的作用距离与发射机输出的脉冲峰值功率 P_t 的四次方根成正比。可见，发射机输出的峰值功率大小，将直接影响雷达的威力范围和抗干扰能力。特别是在雷达经过长期使用以后，元部件的某些电气参数的改变，均会造成发射机输出峰值功率的下降。此时，雷达发现及自动跟踪目标的距离会有所下降，故应对雷达发射机输出峰值功率进行监测。

4.3.3.2 功率测量基本原理

微波大、中功率测量一般采用两种方法：一是功率变换法，用精密衰减器或定向耦合器将微波大、中功率变换到小功率计量程内进行测量；二是流体量热计法，当流体（水或油）负载吸收微波功率时，水温升高，由热电偶产生的温差指示待测功率大小。流体量热计法属于直接测量大功率，需要大功率计。在外场测量微波大功率或者进行功率监测时，一般采用功率变换法。用功率变换法测量发射机功率时，设定向耦合器的过度衰减量（耦合度）为 $C(\mathrm{dB})$，终端为匹配负载，发射机平均功率为 P_{av}，小功率计测量值为 P_c，根据耦合度定义，有

$$C=10\lg\frac{P_{av}}{P_c}\qquad P_{av}=10^{\frac{C}{10}}P_c \tag{4-35}$$

由式（4-35）以及测得的小功率 P_c 就可以计算出雷达发射机的输出功率。

4.3.3.3 功率监测方法

功率监测方法不仅可以监测雷达发射机输出的大功率，而且可以监测频综、本振等功率，雷达功率监测原理如图 4-14 所示。

在功率监测系统中，用小功率计模块实现小功率监测（自动录取与测量）。监测雷达发射机功率时，对应被监测雷达发射机频段和结构，选用或开发专用定向耦合器，然后接雷达天线（或终端吸收负载），发射机输

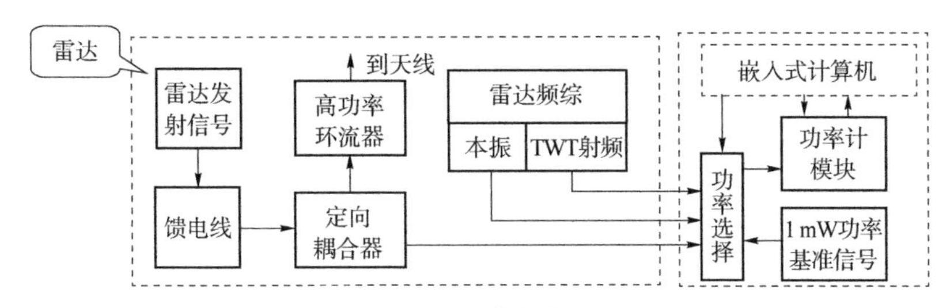

图 4-14　雷达功率监测原理

出的微波能量，绝大部分经定向耦合器的主通道送至天线（或终端吸收负载），极小部分经耦合支路输出到功率计模块进行功率读取。用定向耦合器功率变换法监测发射机功率的精度主要取决于定向耦合器过度衰减量的定标精度。

本系统还可以监测雷达系统中其他的微波源，如雷达频综输出的本振信号和供 TWT 使用的射频信号。这 3 路信号进入监测系统后经过功率选择，被功率计模块录取。1 mW 功率基准信号用于监测系统的自检和定标。

4.3.4　天线控制系统性能监测

4.3.4.1　天线控制系统的跟踪性能

雷达在搜索和跟踪目标时，需要雷达天线进行位置上的移动。天线控制系统的任务就是采用人工方式或自动跟踪方式来控制天线做高低或方位上的运动。天线控制系统性能监测包括幅频特性的测试、暂态特性的监测等。这些特性的好坏，直接影响雷达对目标的搜索和跟踪。由于再生速度预控等新技术的采用，传统的性能测试方法和衡量标准已不再适用于新装备，为此以雷达的跟踪性能作为评价雷达性能的标准，通过对误差控制雷达和再生速度预控雷达的幅频特性以及跟踪最大角速度和角加速度的监测来表征雷达跟踪性能的好坏。

理论和实践表明，系统的频率特性的各个参数可以反映系统的暂态特性的一些指标。典型火控雷达随动系统的闭环幅频特性曲线如图 4-15 所示。在实际使用过程中通常将图 4-15 所示的闭环幅频特性表示为某一比值的 dB 数，故又称为闭环对数幅频特性。一般火控雷达随动系统的闭环对数幅频特性曲线如图 4-16 所示。

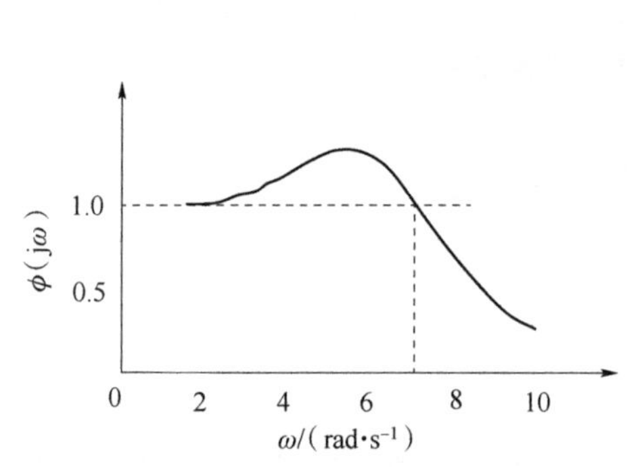

图 4-15 典型火控雷达随动系统的闭环幅频特性曲线

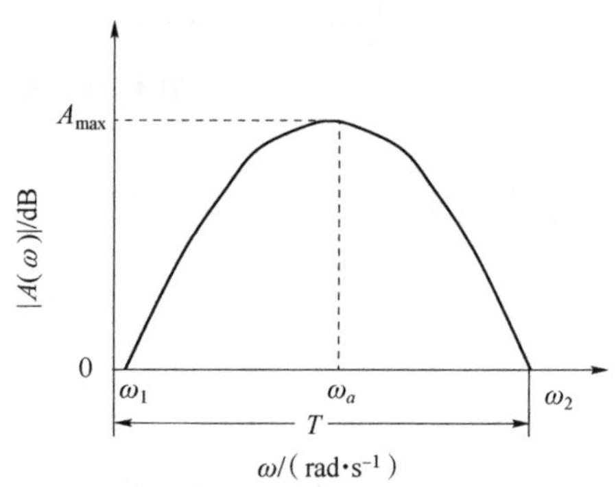

图 4-16 火控雷达随动系统的闭环对数幅频特性曲线

测试上习惯对带宽 B 和峰值 A_{max} 这样定义：闭环对数幅频特性的带宽 B 定义为振幅 $A(\omega)$ 等于 0 dB 所对应的两个角频率 ω_1、ω_2 之间的频率宽度，即 $B=\omega_2-\omega_1$；闭环对数幅频特性的峰值 A_{max} 定义为振幅 $A(\omega)$ 的最大值。

雷达为了能跟踪高速目标，使由目标运动引起的动态误差减小，显然希望系统的带宽 B 应宽些，但同时存在干扰信号也作用于随动系统，使系统的跟踪误差增加。从减小随机误差考虑，系统的带宽 B 又应窄些，才能抑制这些干扰通过随动系统。可见，随动系统的带宽 B 的要求往往是限制在某一范围之内。闭环对数幅频特性之所以具有峰值 A_{max}，是因为系统中的回授作用使在某些频率范围内具有正回授的特性，这就引起系统中出现谐振现象，因而闭环对数幅频特性多具有尖峰，峰值 A_{max} 越大，系统的稳定性随之也越差。系统的带宽 B 和峰值 A_{max} 是在系统的闭环状态下来进行测试和调整的，只要测得系统输出量在整个测试频率范围内振幅相对变化的 dB 数，也就得出了系统的闭环对数幅频特性。

4.3.4.2　雷达跟踪性能测量原理

测试系统利用天线座精密同步机和外加测试系统同步机作为反馈元件，模拟雷达在通过空间构成的大闭环跟踪目标时的实际过程。整个测试过程由测试系统控制超低频信号的幅度和频率，将其送到雷达天线控制系统中的输入端。同时，对雷达给出的数据进行采集、处理、存储，并将测试结果自动输出，绘制出曲线。利用测试系统内专用频率特性测试单元（即测试系统同步机）将系统构成闭环，模拟天线和接收机各环节的增益。雷达跟踪性能测试基本原理如图 4-17 所示。

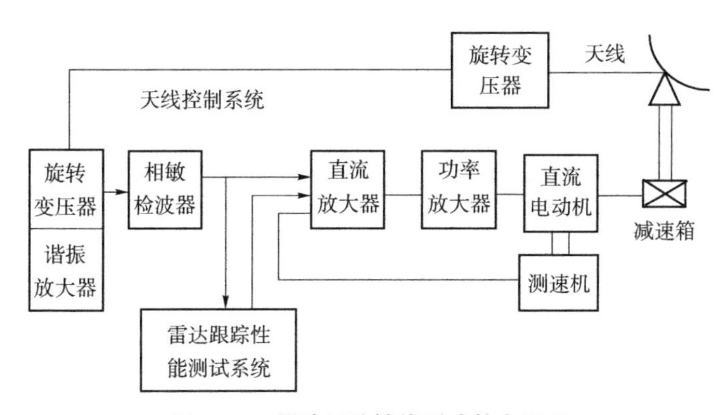

图 4-17　雷达跟踪性能测试基本原理

将测试系统同步机串接到天线座电感移相器与天线控制单元相敏检波器之间，以模拟系统构成闭环。再将系统增益放置规定位置，直流放大器输入端加幅度恒定、频率变化的超低频激励信号，然后在直流放大器输出端采集各频率点的响应，以激励信号频率的对数坐标为横轴，以起始激励信号频率的响应为参考，绘出频率特性，求出系统的带宽和峰值（dB）。

4.3.4.3　雷达跟踪性能监测方法

雷达跟踪性能监测系统由嵌入式计算机、跟踪性能监测虚拟仪器模块（包括超低频信号产生、数据采集放大、测试系统同步机等）组成，其原理如图 4-18 所示。

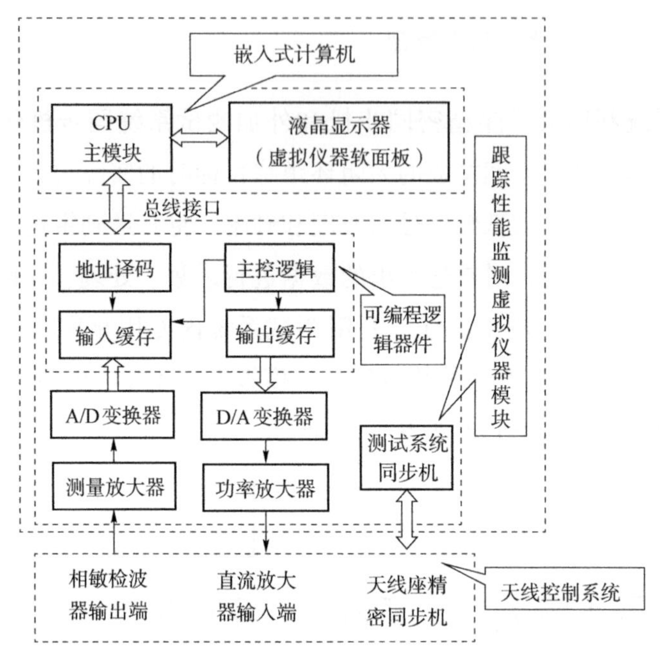

图 4-18 雷达跟踪性能监测系统原理

1. 嵌入式计算机

嵌入式计算机是本监测系统的重要组成部分，提供本系统进行监测的全部程序，包括信号频率、幅度及持续时间，对雷达响应的数据进行采集、处理；通过接口电路对各硬件进行控制；对监测结果进行显示。

2. 跟踪性能监测虚拟仪器模块

①超低频信号产生部分：按照嵌入式计算机的要求测试相应的超低频正弦信号，控制雷达天线转动。其中，D/A 变换器是将计算机送来的正弦二进制数码变成正弦电压，正弦电压的频率和幅度由计算机控制；功率放大器把 D/A 变换器送来的正弦电压进行功率放大，驱动雷达天线转动。②信号采集放大部分：对雷达的响应信号进行处理与录取。测量放大器用于将相敏检波器输出的直流误差信号进行采集与线性放大；A/D 变换器把采集放大的模拟量变成相应的数字量送计算机，完成对模拟信号的采集。③测试系统同步机：与天线座精密同步机配合作为反馈元件，模拟雷达在

通过空间构成的大闭环跟踪回路。

本章由于篇幅限制，不对雷达距离跟踪性能、改善因子、恒虚警率（CFAR）性能、角误差斜率等项目的监测进行详细的分析。

4.4　本章小结

本章主要介绍雷达 BIT 整机性能监测技术。结合 ATE 与 BIT 的发展趋势，给出了雷达 BIT 整机性能监测的理论与方法，建立了其结构模型及工作流程。重点对整机性能监测的原理和方法进行了介绍，分析了雷达天线馈电线系统、发射系统、接收系统、天线控制系统等典型系统中驻波系数、幅相特性、天线方向性能、灵敏度、噪声系数、发射机功率、跟踪性能等整机指标的监测原理与实现方法，解决了常规 BIT 状态监测深度不够，监测能力有限，在无明显故障征兆的情况下不能监测整机性能指标的变化问题。

第5章 雷达BIT系统结构模型及虚警分析

近三十年来，BIT技术从理论到应用均得到显著发展，并在雷达装备中得到广泛的应用。但是在BIT的发展过程中，虚警率较高、诊断能力不足和诊断模糊等问题一直是困扰武器系统BIT应用的重大难题。国外研究情况表明，在使用中发现的BIT虚警问题比较严重，虚警率有时高达60%。从目前雷达装备的实际情况来看，当前对雷达BIT技术主要侧重于工程应用方面，对于雷达BIT虚警抑制方面缺乏系统性的分析和理论指导。抑制BIT虚警的研究随着BIT技术的推广应用而逐步发展，主要分为两个方面：一是BIT系统虚警产生的原因分析；二是BIT虚警抑制技术。本章首先从雷达BIT系统的结构模型入手，建立BIT系统的数学模型描述，以此为基础对虚警的原因及产生机理等进行分析，给出抑制虚警的技术途径。

5.1 BIT系统结构模型

5.1.1 雷达BIT动态系统数学模型

在BIT系统中，装备的工作状态与过程系数（如电参数、阻尼、摩擦系数）等的变化密切相关，这些过程系数显示或隐含在过程模型的参数之中，过程系数在过程模型中可以是定常的，也可以是时变的。基于过程参数的状态监测与故障诊断，一旦状态模型给出，通过对设备运行过程状态和参数的监测、辨识和分析，就可以排除系统工作状态的变化、外部环境变化以及其他干扰等因素对 BIT 系统状态监测及故障诊断的影响。这种基于模型的分析方法在复杂装备的状态监测和故障诊断领域应用很广。

雷达 BIT 对整个雷达动态系统进行监测，监测的最小单元为 LRU（外场可更换单元），通过对每个外场可更换单元的输入输出的分析以及分机故障诊断，再综合其他分机的诊断结果进行整机综合故障诊断，最后由 BIT 系统进行决策。系统决策一方面给出故障诊断结论、进行故障趋势预测分析，另一方面进行实时故障处理，包括变过程参数、控制保护及系统重构等。雷达 BIT 动态系统结构模型如图 5-1 所示。

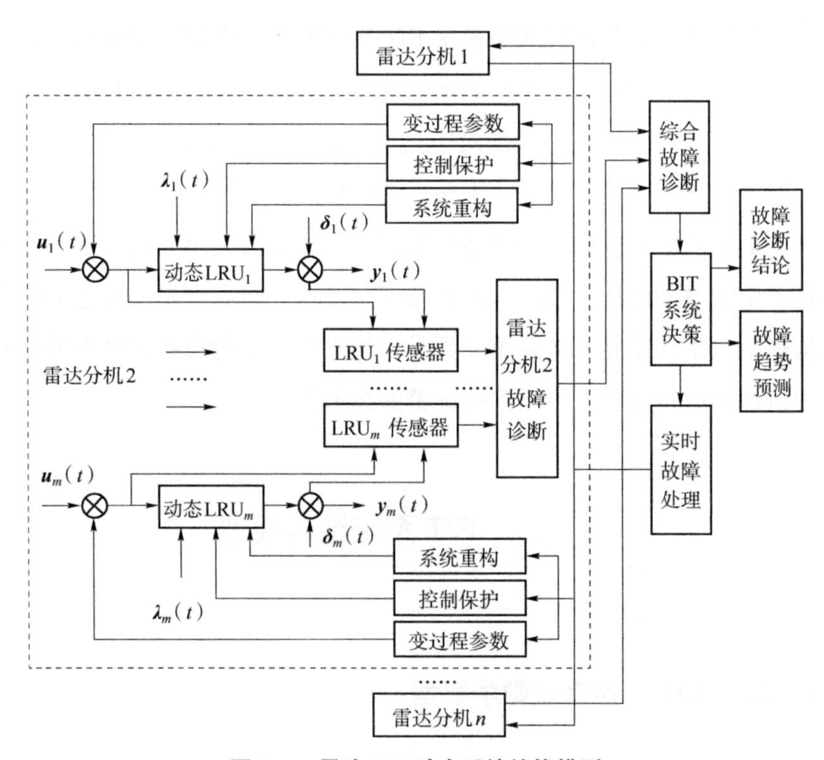

图 5-1　雷达 BIT 动态系统结构模型

根据雷达装备的层次结构原理，设雷达整机由 n 个分机（分系统）组成，每个分机由 m 个相互独立的动态外场可更换单元组成。与之相对应，雷达 BIT 系统由若干子系统组成，每个子系统监控的对象都是一个相对独立的动态系统，其状态可由该动态系统的输入输出状态方程来描述。

对于每个分机下面的 m 个外场可更换单元，做如下定义：

$\boldsymbol{u}_i(t) \in \boldsymbol{R}^k (i=1,2,\cdots,m)$ 为第 i 个外场可更换单元的输入向量；

$\boldsymbol{y}_i(t) \in \boldsymbol{R}^l (i=1,2,\cdots,m)$ 为第 i 个外场可更换单元的输出向量；

$\boldsymbol{\lambda}_i(t) \in \boldsymbol{R}^p (i=1,2,\cdots,m)$ 为作用于每个外场可更换单元上的待检故障向量；

$\boldsymbol{\delta}_i(t) \in \boldsymbol{R}^q (i=1,2,\cdots,m)$ 为过程噪声向量；

$\boldsymbol{x}(t)$ 为反映系统内部状态的状态向量；

$\boldsymbol{\lambda}(t) \in \boldsymbol{R}_{pm}$ 为系统待检故障矩阵；

$\boldsymbol{\delta}(t) \in \boldsymbol{R}_{qm}$ 为系统过程噪声矩阵；

$\boldsymbol{u}(t)$ 为系统输入；

$\boldsymbol{y}(t)$ 为系统输出。

对于整个 BIT 系统而言，有

$$\boldsymbol{y}(t)=\boldsymbol{\psi}^{\mathrm{T}}(t)\boldsymbol{\theta} \tag{5-1}$$

式中，$\boldsymbol{y}(t)$ 为系统输出；$\boldsymbol{\psi}(t)$ 为观测向量；$\boldsymbol{\theta}$ 为系数向量。根据系统输出及观测向量可求出系数向量 $\boldsymbol{\theta}$。

该动态过程中的系数向量 $\boldsymbol{\theta}$ 可由过程参数向量 $\boldsymbol{P}$ 所确定，它们之间存在的函数关系为 $\boldsymbol{\theta}=\boldsymbol{g}(\boldsymbol{P})$，若 $\boldsymbol{g}(\boldsymbol{P})$ 存在反函数，则有

$$\boldsymbol{P}=\boldsymbol{g}^{-1}(\boldsymbol{\theta}) \tag{5-2}$$

$\boldsymbol{P}$ 向量的正常值 $\boldsymbol{P}_0$ 一般情况下是已知的，由式（5-2）得到向量 $\boldsymbol{P}$，与正常值 $\boldsymbol{P}_0$ 进行比较，就可以确定该外场可更换单元的状态是否正常。

根据上述相关定义及 BIT 系统的数学描述，可以采用状态方程对整个雷达 BIT 动态系统进行数学建模，表示如下：

$$\begin{cases}\dot{\boldsymbol{x}}(t)=\boldsymbol{f}(\boldsymbol{x}(t),\boldsymbol{u}(t),\boldsymbol{\lambda}(t),\boldsymbol{\delta}(t),\boldsymbol{\theta}(t))\\ \boldsymbol{y}(t)=\boldsymbol{g}(\boldsymbol{x}(t),\boldsymbol{u}(t),\boldsymbol{\lambda}(t),\boldsymbol{\delta}(t),\boldsymbol{\theta}(t))\end{cases} \tag{5-3}$$

式中，$\boldsymbol{\theta}(t)$为该动态过程的模型参数（或模式分类参数）。

式（5-3）中$\boldsymbol{u}(t)$、$\boldsymbol{y}(t)$可以通过设置传感器进行测试，因此该模型能够描述雷达系统内部的工作过程，并能直接给出雷达状态的变化规律。该模型中模型参数$\boldsymbol{\theta}(t)$不能直接测量，只能通过模型假设、状态估计、参数辨识等计算获得其估计值；内部状态变量$\boldsymbol{x}(t)$有的是可测的，有的是不可测的，可利用系统外部的输入输出关系对其进行描述，因此雷达 BIT 系统中每个分机（分系统）可用微分方程进行表示：

$$\begin{aligned}&\boldsymbol{A}(\boldsymbol{p}(t),\boldsymbol{y}(t))\\=&\boldsymbol{K}(\boldsymbol{p}(t),\boldsymbol{u}(t))+\boldsymbol{L}(\boldsymbol{p}(t),\boldsymbol{\lambda}(t))+\boldsymbol{M}(\boldsymbol{p}(t),\boldsymbol{\delta}(t))+\boldsymbol{N}(\boldsymbol{p}(t),\boldsymbol{\theta}(t))\end{aligned} \tag{5-4}$$

式中，$\boldsymbol{p}(t)$为时变的微分算子；$\boldsymbol{K}(\cdot)$，$\boldsymbol{L}(\cdot)$，$\boldsymbol{M}(\cdot)$，$\boldsymbol{N}(\cdot)$为具有相应维数的时变微分算子$\boldsymbol{p}(t)$的函数矩阵。式（5-3）与式（5-4）构成雷达 BIT 系统两种非线性时变模型。

有时为了使用的方便，不失一般性，可将式（5-3）改为如下的线性形式：

$$\begin{cases}\dot{\boldsymbol{x}}(t)=\boldsymbol{A}\boldsymbol{x}(t)+\boldsymbol{B}\boldsymbol{u}(t)+\boldsymbol{E}\boldsymbol{\lambda}(t)+\boldsymbol{F}\boldsymbol{\delta}(t)\\\boldsymbol{y}(t)=\boldsymbol{C}\boldsymbol{x}(t)+\boldsymbol{D}\boldsymbol{u}(t)+\boldsymbol{G}\boldsymbol{\lambda}(t)+\boldsymbol{H}\boldsymbol{\delta}(t)\end{cases} \tag{5-5}$$

式中，$\boldsymbol{A}$，$\boldsymbol{B}$，$\boldsymbol{C}$，$\boldsymbol{D}$ 等分别为适维矩阵，代表相关的模型参数，代替式（5-3）中$\boldsymbol{\theta}(t)$这一项。

5.1.2 基于信息处理流程的雷达 BIT 系统结构模型

与一般设备的故障诊断系统相类似，雷达 BIT 系统从功能上可分为 BIT 监测诊断与 BIT 故障处理两大部分。如果按照信息处理的流程分析，BIT 监测诊断可分为 3 个阶段：信号拾取阶段、信息处理与特征提取阶段和诊断决策阶段。3 个阶段对应流程中的不同信息处理层次，分别为数据采集层、数据处理层、诊断决策层。雷达装备 BIT 信息处理流程如图 5-2 所示。BIT 系统监测的雷达相关信号经过 3 层处理后，BIT 诊断输出送故障处理部分。BIT 故障处理部分根据诊断决策层不同的输出进行不同的处理：如果 BIT 诊断雷达系统无故障，则无故障告警及进一步的处理；如果 BIT 诊断有故障，则对相应的故障单元进行报警，并启动相应的处理程序。在实时处理部分会开启相应的控制保护电路对雷达的关键部件（器件）及电路进行保护，或者启动备份电路维持雷达正常的工作状态。当实时处理部分无法满足当前需要时，BIT 系统会启动维修引导程序，提示用户进行备件的更换或进行相关的检查调整与性能测试以及其他操作，完成雷达的故障修理。

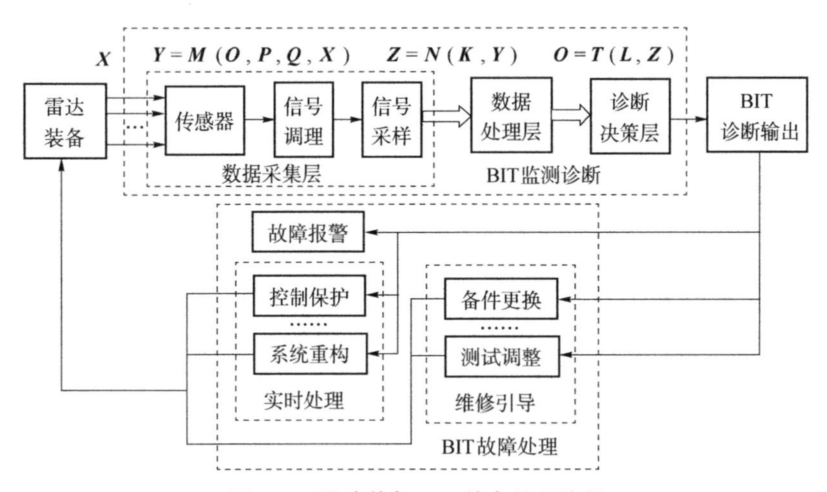

图 5-2　雷达装备 BIT 信息处理流程

若基于信息处理流程的雷达 BIT 监测输出为 $\boldsymbol{O}$，雷达的实际状态记为 $\boldsymbol{X}$，则整个雷达 BIT 系统实现了从测量空间到状态空间的一种映射关系：

$$\boldsymbol{T}:\boldsymbol{O}\rightarrow\boldsymbol{X} \tag{5-6}$$

雷达 BIT 的目的就是要求系统的监测输出 $\boldsymbol{O}$ 能够正确地反映雷达的实际状态 $\boldsymbol{X}$。雷达的工作状态和工作环境经常会发生变化，但不管工作状态和工作环境（如噪声分布、外界干扰等）如何改变，如果雷达 BIT 系统对装备正常状态和异常状态给出明确无误的表征，我们认为这就是 BIT 的最佳监测诊断结果。然而，在实际的应用中，BIT 监测诊断结果并不能令人满意。下面从数据采集层、数据处理层、诊断决策层分别进行讨论，为后续虚警的机理分析做准备。

5.1.2.1 数据采集层

数据采集层实现雷达工作状态的数据采集功能，主要由硬件系统组成，包括各种传感器、变送器及信号调理模块等。雷达 BIT 数据采集层采集最多的一类是各种电量信号，如电压、电流、波形（周期、脉宽、幅度）、相位、功率、频率、阻抗、频谱等，这些信号成分复杂、变化范围广（如雷达功率可从微瓦到兆瓦级变化，频率变化范围为 0~40 GHz），这些信号有的可直接获取，有的要通过适当的调理变换，由互感型传感器或 ATE 获取；另一类是非电量信号，如液压、风压、温度、转速、真空度（行波管）、光学信号、振动信号等，通常由专用的传感器获取。与传感器有关的主要指标包括成本、可靠性、有效性和信噪比等。传感器一般输出连续信号，通过信号调理及信号采样电路处理后变成离散的信号供后续模块使用。由此可见，雷达 BIT 数据采集层对各类测试数据的获取包括传感器、信号调理及信号采样 3 部分。

对于雷达 BIT 系统的状态监测和故障诊断来说，监测过程的数据采集必须保证采样数据的有效性。该有效性是指采样的测试数据与被监测雷达的运行状态之间必须具有很好的内在关联性，也就是说传感器、信号调理及信号采样 3 部分都要客观、正确地反映雷达当前的工作状态，这是诊断成败的关键。当这种关联性出现偏差时，称为数据采集层获取的数据偏差或异常，会直接影响雷达 BIT 诊断决策的正确性。

设被监测雷达在 t 时刻的内部状态变量（原始状态变量）为 $\boldsymbol{X}=\{\boldsymbol{x}(t)\in\boldsymbol{R}^n,t\in T\}$（$\boldsymbol{R}^n$ 代表 n 维状态空间），被采样的连续信号为 $\boldsymbol{X}'=\{\boldsymbol{x}'(t)\in\boldsymbol{R}^n,t\in T\}$，经过信号调理后的信号为 $\boldsymbol{X}''=\{\boldsymbol{x}''(t)\in\boldsymbol{R}^n,t\in T\}$，数据采集层的测量输出为 $\boldsymbol{Y}=\{\boldsymbol{y}(t)\in\boldsymbol{R}^n,t\in T\}$，则雷达 BIT 数据采集层信号的获取，实质上是经过传感器、信号调理及信号采样 3 个过程，构造如下 3 个算子模型：

$$O: X \to R^n,\ P: X' \to R^n,\ Q: X'' \to R^n \tag{5-7}$$

使测量输出 Y 与($O \times P \times Q$)（$\cdot$ | 真实反映雷达装备状态）之间具有一致性。这里算子 $O(\cdot)$ 完成雷达系统参量空间到测试空间的转换，称为数据获取指标函数。该函数主要由使用的传感器来确定；算子 $P(\cdot)$ 完成连续空间内信号相关参数（幅度、脉宽等）的转换，称为调理指标函数，由信号调理系统决定，其输出的信号参数要满足采样系统的要求；算子 $Q(\cdot)$ 完成连续空间到离散空间的变换，称为采样指标函数，由采样系统决定。选择合适的 $O(\cdot)$、$P(\cdot)$、$Q(\cdot)$ 是进行正确、有效系统状态监测的关键，为后续工作提供基础。

数据采集层的输入输出关系可模型化表示为

$$Y = M(O, P, Q, X) \tag{5-8}$$

从式（5-8）可以看出，数据采集层的输出不仅与 X 有关，还与算子 $O(\cdot)$、$P(\cdot)$、$Q(\cdot)$ 的构造有关。

5.1.2.2　数据处理层

由于雷达在复杂的电磁环境中工作，在 BIT 状态监测与故障诊断中，从数据采集层来的信息成分往往比较复杂，既有丰富的雷达状态信息与故障信息，又有大量的噪声（内部和外部）及电磁干扰等，因此故障信息往往混杂在大量的噪声与干扰之中。

数据处理层完成从采样信号中提取有用的特征信息，为诊断决策层提供有效的故障特征信息，包括特征生成、特征提取和选择。特征生成就是将数据采集层得到的原始数据变换为特征量，并找出该特征量与雷达状态的关系。由于雷达结构复杂，信号很多，可供识别的特征种类也很多，需要根据具体的使用环境选择最佳的特征以组成原始特征量。特征提取和选择利用某些数学方法降低模式维数，寻找最有效的特征构成较低维数表示的模式向量。雷达装备发生故障的原因、机理比较复杂，故障噪声也比较强，故障特征的提取和选择非常困难。特征提取和选择的质量决定了数据处理层的信息质量，包括准确性、完备性和适用性等。如果特征提取和选择不当，将会导致特征数据处理层输出的信息质量差，会对诊断决策层产生误导，导致虚警。

作为一个动态系统，数据采集层输出 $\boldsymbol{Y}=\{\boldsymbol{y}(t)\in\boldsymbol{R}^n,t\in T\}$ 作为数据处理层的输入，则数据处理层实质是构造算子 $\boldsymbol{K}:\boldsymbol{Y}\rightarrow\boldsymbol{R}^m$（$\boldsymbol{R}^m$ 代表输出信号为 m 维特征空间，与输入信号的 n 维状态空间不同），使 $\boldsymbol{K}$(·雷达工作正常)与 $\boldsymbol{K}$(·雷达故障)之间存在明显的差距，其中 $\boldsymbol{K}(\cdot)$ 称为数据处理指标函数，确定合适的数据处理指标函数是有效提取雷达特征信号的关键。设数据处理层的输出特征信息为 $\boldsymbol{Z}=\{\boldsymbol{Z}(t)\in\boldsymbol{R}^m,t\in T\}$，则数据处理层的输入输出关系可模型化表示为

$$\boldsymbol{Z}=\boldsymbol{N}(\boldsymbol{K},\boldsymbol{Y}) \tag{5-9}$$

从式（5-9）可以看出，数据处理层的输出不仅与 $\boldsymbol{Y}$ 有关，还与算子 $\boldsymbol{K}(\cdot)$ 的构造有关。

5.1.2.3 诊断决策层

诊断决策层利用从数据处理层得到的反映雷达当前状态的特征信息，结合这些特征信息与故障模式之间的联系，运用相应的故障诊断方法，对雷达的工作状态进行辨识，并对故障模式进行确定，对故障部位进行隔离与估计，得出故障诊断结论。在得到故障诊断结果后，根据雷达的故障类型及故障影响程度，并利用相关专家知识，给出故障处理方法，包括实时处理与维修引导等。

诊断决策层的实质是将数据处理层的结果按照一定的故障诊断方法（常用的故障诊断方法有基于模型的诊断方法、基于征兆的诊断方法、基于专家知识的诊断方法等）由特征空间映射到状态空间 $\boldsymbol{R}^k$，映射关系为 $\boldsymbol{L}:\boldsymbol{Z}\rightarrow\boldsymbol{R}^k$，算子 $\boldsymbol{L}(\cdot)$ 称为诊断决策指标函数。设雷达状态空间为 $\boldsymbol{S}=(\boldsymbol{S}\in\boldsymbol{R}^k)$，诊断决策层对应的输出为 $\boldsymbol{O}\in\boldsymbol{S}$，则诊断决策层可模型化表示为

$$\boldsymbol{O}=\boldsymbol{T}(\boldsymbol{L},\boldsymbol{Z}) \tag{5-10}$$

从式（5-10）可以看出，诊断决策层的输出不仅与上一层的输出 $\boldsymbol{Z}$ 有关，而且与算子 $\boldsymbol{L}(\cdot)$ 的构造有关。

上述基于信息处理流程的雷达 BIT 系统故障诊断模型，各个层次序贯链接而相对独立地执行信息处理过程，是一种简单实用、便于分析的模型。

5.2　BIT 系统中的虚警及其对雷达的影响

5.2.1　虚警及虚警率的概念与现象

5.2.1.1　虚警的定义

国内外相关标准对于虚警（False Alarm，FA）有着不同的定义，相关维修、测试领域的专家学者对虚警也没有完全一样的定义。美国军标 MIL-STD-2165 的定义：虚警是指 BIT 或其他监测模块指示被测单元有故障，而实际上该单元不存在故障的情况；美国军标 MIL- STD-1309C 采用同样的定义，但仅限于 BIT 的指示情况，不包括其他监测模块的报警指示；美国罗姆航空发展中心（RADC）的测试性手册虚警的定义：在没有故障的被测单元中出现的报警指示，这里的报警来源可以是 BIT 的，也可以是其他方法的；IEEE 标准 100 是这样定义虚警的：指明的一个故障，而实际上并不存在，它还包括雷达虚警和模式识别中的错误辨识。

虚警的定义：实际上不存在故障，但机内测试（BIT）或其他监测电路指示有故障。从定义中我们可以看出，虚警的本质是一种虚假的故障指示，从表现形式上分为以下 2 种情况：

①检测对象 A 有故障，BIT 指示检测对象 B 有故障，即所谓“错报”，美军称为Ⅰ类虚警；

②检测对象无故障，BIT 报警，即所谓的“假报”，这在美军中称为Ⅱ类虚警。

在实际的使用中，虚警的确认与度量是非常困难的，有人认为虚警的确认应该与维修联系起来，建议以维修事件为基础来定义虚警，即虚警是在无故障存在的地方引起维修活动的故障指示。事实上，虚警的确认与度量确实与维修活动密切相关，有的故障指示经过 1 次维修事件可以确认是不是虚警，有的可能要经过 2 次、3 次或多次维修事件才能确认是不是虚警。

5.2.1.2 虚警率的定义

一般采用虚警率（FAR）对虚警进行量化分析，虚警率与故障检测率（FDR）、故障隔离率（FIR）一样，都是衡量 BIT 系统诊断性能的重要参数。目前国内外对于虚警率的定义有 2 种：

①虚警率定义为在规定时间内发生的虚警数和同一时间内的故障总数之比，用百分数表示。其数学描述为

$$\mathrm{FAR}=\frac{N_{\mathrm{FA}}}{N}=\frac{N_{\mathrm{FA}}}{N_{\mathrm{F}}+N_{\mathrm{FA}}}\times 100\% \tag{5-11}$$

式中，N_{FA}为虚警次数；N_{F} 为真实故障指示次数；N 为报警总次数。

用于某些系统及设备的 FAR 分析及预计的数学模型可表示为

$$\mathrm{FAR}=\frac{\lambda_{\mathrm{FA}}}{\lambda_{\mathrm{D}}+\lambda_{\mathrm{FA}}}\times 100\% \tag{5-12}$$

式中，λ_{FA}为虚警发生的频率；λ_{D} 为被检测到的故障模式的故障检测率总和。

②国外有关资料把虚警率定义为虚警发生的频率或虚警平均间隔时间。我们可以理解为在规定的工作时间内，单位时间内的平均虚警数。它

是按时间归一化的虚警数，其数学描述为

$$\lambda_{FA}=\frac{N_{FA}}{T} \tag{5-13}$$

式中，T 为系统累积时间。该定义下的虚警率的倒数为平均虚警间隔时间。从最优设计角度分析，FAR 的理想数值为 0，是 BIT 的一个限制性参数。

下面从统计分布意义上描述虚警率的数学模型表达式。虚警率为雷达系统运行正常的情况下，其正常状态 X_0 被辨识为故障状态 X_1 的概率，即做出存在故障的诊断 D_1 的概率（D_0 为系统正常，D_1 为系统故障），用概率表示为

$$\text{FAR}=P(D_1/X_0)P(X_0) \tag{5-14}$$

5.2.1.3　虚警率与故障检测率、故障隔离率的关系

BIT 的虚警问题是随着 BIT 技术的发展和应用而产生的，而且要求 BIT 的故障检测与隔离能力越高，BIT 设计的越充分，则可能导致发生的虚警越高，虚警率也越高。一般来讲，普通 BIT 系统中提高故障检测率与降低虚警率之间存在一定的矛盾关系，减少 BIT 虚警、降低虚警率技术的最终目标是 BIT 系统具有很高的故障检测率/故障隔离率（FDR/FIR）和很低的虚警率（FAR），设计随着 BIT 充分性增加，其有效性也增加的 BIT，如图 5-3 所示。对一般雷达装备基本的要求为 FDR≥90%，FIR≥90%，FAR≤5%。

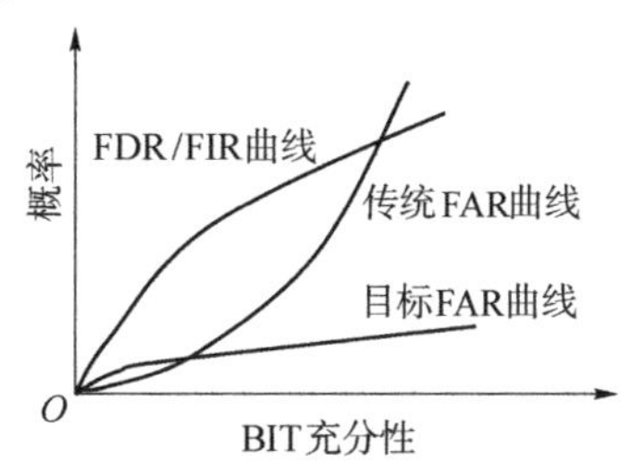

图 5-3　虚警率与故障检测率/故障隔离率的关系

5.2.2 虚警对雷达的影响

虚警问题的存在，不可避免地会影响 BIT 技术的应用与发展。虚警率较高直接影响 BIT 的有效性，导致装备战备完好率低、使用保障费用高等问题，会造成严重后果。对于雷达来讲，虚警的主要影响在以下 4 个方面：

①影响装备的可用度，降低任务成功率。BIT 的功能是对系统的运行状态进行监测和决策，根据该结果可明确系统当前所处的状态。错误的 BIT 指示使部分设备功能得不到利用，进而影响任务的成功率。例如，雷达发射机是微波高功率射频源，磁控管、行波管、调制管等高功率器件需要近 20 kV 高压供电，高功率和高电压使发射系统比其他低电压系统更敏感于环境异常，一旦监测到异常情况，发射机控制保护电路将切断高压、关闭发射机以保护这些器件。如果是虚警导致发射机关闭，将会影响对目标的搜索、跟踪等，此时发射机需要操作者重新开机后才可恢复正常工作。

②造成无效维修活动，影响系统的可靠性及维修性。BIT 虚警在未证实是虚警之前，只能作为故障来处理，其必然会影响使用，需要采取维修活动，因此虚警会影响固有可靠性和维修性。错误的 BIT 指示导致报告系统工作不正常，维修人员将会根据报警将好的外场可更换单元（LRU）进行拆卸、维修，从而造成人力、时间和费用的浪费。

③影响维修备件供应。在考虑了各种因素（包括虚警率）的条件下，计划的维修率等于真实的故障率乘以某一个系数（一般为 3~10），若系统的实际使用过程中虚警率较高，则可能导致雷达外场可更换单元的备件数目难以满足需求的假象，可能造成的后果是备件浪费，而真正有用的备件供应不上，甚至贻误战机。

④较高的虚警率会导致雷达操作人员和维修人员对 BIT 失去信任。BIT 的虚警率过高，会使雷达操作人员和维修人员对 BIT 失去信任，一方

面失去 BIT 改善系统维修性和简化维修的作用，另一方面导致一些正确的 BIT 指示被忽略，造成潜在的安全及故障隐患。

因此，BIT 的虚警问题是制约 BIT 技术更深入、更广泛应用的瓶颈。解决现有 BIT 技术中存在虚警率高的问题是提高 BIT 应用效能的关键，也是目前 BIT 技术的重点。

5.3　雷达 BIT 虚警机理分析

5.3.1　BIT 故障诊断不确定性分析及建模

5.3.1.1　BIT 检测诊断中的不确定性因素

雷达装备是非常复杂的机电装备，在雷达的各分机（分系统）之间和分机内部甚至印制电路板内部一般存在错综复杂、关联耦合的相互关系，不确定性因素及不确定性信息充斥其间，其故障可能表现为多故障、关联故障等复杂形式。因此，实现雷达 BIT 快速检测诊断的主要障碍之一就是 BIT 故障诊断中广泛存在的不确定性问题。

基于动态数学模型和信息处理流程的雷达检测诊断中，BIT 通过将被测试诊断对象的测量信息和已知的系统信息（参数、模型等），运用相关的知识进行推理、比较，产生残差，对残差进行分析判断，实现故障的检测、诊断与隔离。但是相关的诊断信息、诊断知识、推理过程等都有不确定性，会对检测诊断的结果造成很大的影响，容易产生虚警。下面就从 BIT 诊断信息的不确定性、BIT 诊断知识的不确定性和 BIT 推理过程的不确定性 3 个方面进行分析。

1. BIT 诊断信息的不确定性

在 BIT 检测诊断中，诊断信息的准确性是影响其结果的一个重要因素。实际中，这些信息总存在一定的不确定性。从 BIT 检测信息来看，包括模型信息和测量信息两部分。

①模型信息的不确定性。由于模型的简化和模型参数的变化，模型与实际系统之间总存在一定的差别。主要原因与形式：以低维模型代替高维模型，以线性模型代替非线性模型等模型的简化；模型参数只是对实际系统的一种近似，本身不可能绝对准确；由于模型的变化造成模型与实际系统之间有差别，因此，实际系统结构改变、参数变动（但非故障），造成原来比较准确的模型也发生变化，与实际系统不匹配。

②测量信息的不确定性。当基于模型实施 BIT 时，BIT 系统的信息获取设备为原系统的输入、输出传感器。一方面，这些设备自身在测量原理上总存在误差，同时随着时间的推移，其性能也会有所退化；另一方面，系统总会受到如负载扰动、热噪声、电噪声、机械噪声等各种扰动的影响，从而造成测量信息的不确定，表现为信号畸变、缺失及受到噪声干扰。

2. BIT 诊断知识的不确定性

BIT 诊断知识的不确定性主要来源：

①BIT 诊断对象证据与故障原因因果关联关系的随机性；

②由 BIT 诊断对象认识模糊造成的不确定性；

③由 BIT 证据或结论不确定性造成的知识不确定性。

BIT 故障诊断的不确定性信息通常表现为 BIT 随机信息、BIT 模糊信息、BIT 灰色信息和 BIT 未确认信息。

3. BIT 推理过程的不确定性

BIT 推理过程的不确定性主要包括：

①由证据缺乏或不完整造成的不确定性；

②由证据的不确定性或知识的不确定性造成的不确定性积累和传播。

可见，BIT 故障诊断实质上就是一个不确定性问题的求解过程。寻求更有效的智能 BIT 故障诊断方法来有效地解决 BIT 不确定性问题，是提高 BIT 故障诊断能力、降低 BIT 虚警率的关键。

5.3.1.2　BIT 诊断中的不确定性建模

上述不确定性因素均可以通过在原系统中加入未知输入来描述，不妨设为 $\boldsymbol{M}\tau(t)$。下面对所述不确定性的各种情况进行建模。

1. 系统中的噪声

在 BIT 的数学模型式（5-5）中，$\boldsymbol{\delta}(t)$为系统的过程噪声矩阵，在一般情况下，认为$\boldsymbol{\delta}(t)$服从零均值正态分布，即

$$\boldsymbol{\delta}(t)\sim N(0,\sigma^2) \tag{5-15}$$

因此，对于包含噪声的系统，式（5-5）就可以直接表示为

$$\dot{\boldsymbol{x}}(t)=\boldsymbol{A}\boldsymbol{x}(t)+\boldsymbol{B}\boldsymbol{u}(t)+\boldsymbol{E}\boldsymbol{\lambda}(t)+\boldsymbol{F}\boldsymbol{\delta}(t)$$

2. 系统中的非线性

对于系统中的非线性，可以通过在系统中加未知输入来描述，令 $\boldsymbol{S}\boldsymbol{g}(\boldsymbol{x}(t),\boldsymbol{u}(t),t)$代表非线性信息，则有

$$\dot{\boldsymbol{x}}(t)=\boldsymbol{A}\boldsymbol{x}(t)+\boldsymbol{B}\boldsymbol{u}(t)+\boldsymbol{E}\boldsymbol{\lambda}(t)+\boldsymbol{F}\boldsymbol{\delta}(t)+\boldsymbol{S}\boldsymbol{g}(\boldsymbol{x}(t),\boldsymbol{u}(t),t) \tag{5-16}$$

这里，未知输入部分为$\boldsymbol{M}\tau(t)=\boldsymbol{S}\boldsymbol{g}(\boldsymbol{x}(t),\boldsymbol{u}(t),t)$。

3. 系统中的模型降阶

对于高阶系统，可以描述为

$$\begin{bmatrix}\dot{\boldsymbol{x}}(t)\\ \dot{\boldsymbol{x}}_{\mathrm{h}}(t)\end{bmatrix}=\begin{bmatrix}\boldsymbol{A}_{11} & \boldsymbol{A}_{12}\\ \boldsymbol{A}_{21} & \boldsymbol{A}_{22}\end{bmatrix}\begin{bmatrix}\boldsymbol{x}(t)\\ \boldsymbol{x}_{\mathrm{h}}(t)\end{bmatrix}+\begin{bmatrix}\boldsymbol{B}_1\\ \boldsymbol{B}_2\end{bmatrix}\boldsymbol{u}(t)+\begin{bmatrix}\boldsymbol{E}_1\\ \boldsymbol{E}_2\end{bmatrix}\boldsymbol{\lambda}(t)+\begin{bmatrix}\boldsymbol{F}_1\\ \boldsymbol{F}_2\end{bmatrix}\boldsymbol{\delta}(t) \tag{5-17}$$

式中，$\boldsymbol{x}(t)$为反映系统内部状态的状态向量；$\boldsymbol{x}_{\mathrm{h}}(t)$为表征系统在实际中经常被忽略的高阶部分。由该式可得

$$\begin{aligned}\dot{\boldsymbol{x}}(t)&=\boldsymbol{A}_{11}\boldsymbol{x}(t)+\boldsymbol{A}_{12}\boldsymbol{x}_{\mathrm{h}}(t)+\boldsymbol{B}_1\boldsymbol{u}(t)+\boldsymbol{E}_1\boldsymbol{\lambda}(t)+\boldsymbol{F}_1\boldsymbol{\delta}(t)\\ &=\boldsymbol{A}\boldsymbol{x}(t)+\boldsymbol{B}\boldsymbol{u}(t)+\boldsymbol{E}\boldsymbol{\lambda}(t)+\boldsymbol{F}\boldsymbol{\delta}(t)+(\boldsymbol{A}_{11}-\boldsymbol{A})\boldsymbol{x}(t)+(\boldsymbol{B}_1-\boldsymbol{B})\boldsymbol{u}(t)+\\ &\quad(\boldsymbol{E}_1-\boldsymbol{E})\boldsymbol{\lambda}(t)+(\boldsymbol{F}_1-\boldsymbol{F})\boldsymbol{\delta}(t)+\boldsymbol{A}_{12}\boldsymbol{x}_{\mathrm{h}}(t)\end{aligned} \tag{5-18}$$

这里，未知输入部分为 $\boldsymbol{M\tau}(t)=(\boldsymbol{A}_{11}-\boldsymbol{A})\boldsymbol{x}(t)+(\boldsymbol{B}_1-\boldsymbol{B})\boldsymbol{u}(t)+(\boldsymbol{E}_1-\boldsymbol{E})\cdot\boldsymbol{\lambda}(t)+(\boldsymbol{F}_1-\boldsymbol{F})\boldsymbol{\delta}(t)+\boldsymbol{A}_{12}\boldsymbol{x}_{\mathrm{h}}(t)$，式（5-18）可以改写为

$$\dot{\boldsymbol{x}}(t)=\boldsymbol{Ax}(t)+\boldsymbol{Bu}(t)+\boldsymbol{E\lambda}(t)+\boldsymbol{F\delta}(t)+\boldsymbol{M\tau}(t) \tag{5-19}$$

4. 系统中的相关参数扰动

假设动态系统有带时变的参数扰动，该系统可以表示为

$$\dot{\boldsymbol{x}}(t)=(\boldsymbol{A}+\Delta\boldsymbol{A}(t))\boldsymbol{x}(t)+(\boldsymbol{B}+\Delta\boldsymbol{B}(t))\boldsymbol{u}(t)+\boldsymbol{E\lambda}(t)+\boldsymbol{F\delta}(t) \tag{5-20}$$

式（5-20）中参数扰动部分 $\Delta\boldsymbol{A}(t)$、$\Delta\boldsymbol{B}(t)$、$\boldsymbol{E}$、$\boldsymbol{F}$ 不考虑扰动，$\Delta\boldsymbol{A}(t)$、$\Delta\boldsymbol{B}(t)$ 可表示为

$$\Delta\boldsymbol{A}(t)=\sum_{i=1}^{n}a_i(t)\boldsymbol{A}_i,\ \Delta\boldsymbol{B}(t)=\sum_{i=1}^{n}b_i(t)\boldsymbol{B}_i$$

式中，$\boldsymbol{A}_i$，$\boldsymbol{B}_i$ 为给定维数的已知矩阵；$a_i(t)$，$b_i(t)$ 为未知的时变因子。

式（5-20）可表示为

$$\dot{\boldsymbol{x}}(t)=\boldsymbol{Ax}(t)+\boldsymbol{Bu}(t)+\boldsymbol{E\lambda}(t)+\boldsymbol{F\delta}(t)+\Delta\boldsymbol{A}(t)\boldsymbol{x}(t)+\Delta\boldsymbol{B}(t)\boldsymbol{u}(t) \tag{5-21}$$

式（5-21）中参数扰动部分可表示为如下未知输入形式：

$$\boldsymbol{M\tau}(t)=\Delta\boldsymbol{A}(t)\boldsymbol{x}(t)+\Delta\boldsymbol{B}(t)\boldsymbol{u}(t)=[\boldsymbol{A}_1\cdots\boldsymbol{A}_n\quad \boldsymbol{B}_1\cdots\boldsymbol{B}_n]\begin{bmatrix}a_1(t)\boldsymbol{x}(t)\\ \cdots\\ a_n(t)\boldsymbol{x}(t)\\ b_1(t)\boldsymbol{u}(t)\\ \cdots\\ b_n(t)\boldsymbol{u}(t)\end{bmatrix} \tag{5-22}$$

在后续的分析中，我们将用到相关的不确定性建模。

5.3.2 基于信息处理流程的虚警机理分析

5.3.2.1 数据采集层影响虚警分析

由前面的分析并结合图 5-2 可知，数据采集层的输入输出关系模型化

表示为 $\boldsymbol{Y}=\boldsymbol{M}(\boldsymbol{O},\boldsymbol{P},\boldsymbol{Q},\boldsymbol{X})$，通过数据采集层的影响使输出 $\boldsymbol{Y}$ 偏离真实值，设偏差为 $\Delta\boldsymbol{Y}$，则 $\Delta\boldsymbol{Y}$ 可以表示为

$$\Delta\boldsymbol{Y}=\frac{\partial\boldsymbol{M}}{\partial\boldsymbol{O}}\Delta\boldsymbol{O}+\frac{\partial\boldsymbol{M}}{\partial\boldsymbol{P}}\Delta\boldsymbol{P}+\frac{\partial\boldsymbol{M}}{\partial\boldsymbol{Q}}\Delta\boldsymbol{Q}+\frac{\partial\boldsymbol{M}}{\partial\boldsymbol{X}}\Delta\boldsymbol{X} \tag{5-23}$$

由式（5-23）可以看出，输出的偏差主要来自 $\Delta\boldsymbol{O}$、$\Delta\boldsymbol{P}$、$\Delta\boldsymbol{Q}$、$\Delta\boldsymbol{X}$。其中，$\Delta\boldsymbol{O}$ 来自数据获取指标函数 $\boldsymbol{O}(\cdot)$，该函数主要由使用的传感器来确定，因此 $\Delta\boldsymbol{O}$ 主要来自传感器。在 BIT 的使用过程中，传感器选择及布局不合理、传感器自身功能衰减、传感器功能异常等都可能导致 BIT 系统功能异常产生数据偏差。$\Delta\boldsymbol{P}$ 来自调理指标函数 $\boldsymbol{P}(\cdot)$，该函数由信号调理系统决定。信号调理系统的作用是对传感器输出的信号（有些是非电参数）进行相关变换，变换成采样系统所要求的电信号。信号调理系统的功能异常、非线性、抗饱和性不好等都有可能使信号失真，导致数据偏差。$\Delta\boldsymbol{Q}$ 来自采样指标函数 $\boldsymbol{Q}(\cdot)$，完成连续空间到离散空间的变换，由采样系统决定，采样系统的工作不正常也可能导致数据偏差。系统中的 $\boldsymbol{X}$ 代表原始的输入信号，对于监测系统来说，一般认为它是确定的，因此 $\Delta\boldsymbol{X}$ 的影响较小。

此外，数据采集层一般由硬件系统组成，并且处于相对开放的环境中，传感器一般还会受到外界干扰、噪声等因素的影响，因此数据采集层的影响因素呈现多样性和复杂性，不仅有自身设计因素的影响，还有环境因素的影响。

因此，上述各种因素的影响都有可能使数据采集层的输出偏离雷达实际的工作情况，而数据采集层部分的性能和执行情况的好坏直接影响 BIT 系统的虚警率。上述 4 个因素中，$\Delta\boldsymbol{O}$、$\Delta\boldsymbol{P}$、$\Delta\boldsymbol{Q}$ 与监测系统的固有特性有关，主要来源于 BIT 的设计阶段，选取精度高、可靠性好的监测元件以及对监测点的分布进行优化设计都有利于减小这几个因素造成的影响。

5.3.2.2　数据处理层影响虚警分析

数据处理层的输入输出关系模型化表示为 $\boldsymbol{Z}=\boldsymbol{N}(\boldsymbol{K},\boldsymbol{Y})$，则偏差 $\Delta\boldsymbol{Z}$ 可

以表示为

$$\Delta \boldsymbol{Z}=\frac{\partial \boldsymbol{N}}{\partial \boldsymbol{K}}\Delta \boldsymbol{K}+\frac{\partial \boldsymbol{N}}{\partial \boldsymbol{Y}}\Delta \boldsymbol{Y} \tag{5-24}$$

由式（5-24）可知，数据处理层输出偏差 $\Delta \boldsymbol{Z}$ 与 $\Delta \boldsymbol{K}$、$\Delta \boldsymbol{Y}$ 相关，$\Delta \boldsymbol{K}$ 与数据处理指标函数 $\boldsymbol{K}(\cdot)$有关，即与特征生成、特征提取和选择的模型有关。前面分析过，雷达装备信号复杂，可供识别的特征种类很多，雷达发生故障的原因、机理也比较复杂，因此正常特征与故障特征的提取和选择非常困难。$\Delta \boldsymbol{K}$ 的产生就是因为特征提取和选择不当，使输出特征数据质量差而产生虚警。此外，传统的雷达 BIT 特征空间缺乏完备性，即使特征提取模型具有很高的精度，其输出的特征信息也不能完全反映系统当前的运行状态，从而对诊断决策产生影响，导致虚警的发生。$\Delta \boldsymbol{Y}$ 为数据采集层输出的数据误差。

$\Delta \boldsymbol{K}$ 影响虚警的因素分为两种情况：特征的不确定性和特征模型的不确定性。所谓特征的不确定性，是指故障特征与故障类别的对应关系不明显。雷达 BIT 一般采用的原始特征中可能含有与特征模型分类不相关的冗余特征和噪声信息，而目前大多数分类器是经过有限数目的训练样本训练而成，对于这些冗余特征和噪声信息往往无法辨识，会导致虚警的产生。此外，雷达的工作状态会经常发生改变（如雷达搜索、截获、跟踪状态的相互转换），如果仍然用状态改变前的特征标准，则会产生特征不匹配的问题，容易引起虚警。特征模型的不确定性是指特征模型的准确性和正确性不够。若特征模型构建不当，则会导致输出的特征信息不能完全反映雷达当前的运行状态，会使诊断决策过程产生误导，从而引起虚警。

5.3.2.3 诊断决策层影响虚警分析

诊断决策层的输入输出关系模型化表示为 $\boldsymbol{O}=\boldsymbol{T}(\boldsymbol{L},\boldsymbol{Z})$，则偏差 $\Delta \boldsymbol{O}$ 可以表示为

$$\Delta \boldsymbol{O}=\frac{\partial \boldsymbol{T}}{\partial \boldsymbol{L}}\Delta \boldsymbol{L}+\frac{\partial \boldsymbol{T}}{\partial \boldsymbol{Z}}\Delta \boldsymbol{Z} \tag{5-25}$$

由式（5-25）可知，诊断决策层输出偏差 $\Delta \boldsymbol{O}$ 与 $\Delta \boldsymbol{L}$、$\Delta \boldsymbol{Z}$ 相关，$\Delta \boldsymbol{L}$ 与诊断决策指标函数 $\boldsymbol{L}(\cdot)$ 有关，$\Delta \boldsymbol{Z}$ 为数据处理层输出的数据偏差。算子 $\boldsymbol{L}(\cdot)$ 的构造即诊断模型的构造，目前在 $\boldsymbol{L}(\cdot)$ 的构造上有基于参数的诊断模型、基于信号的诊断模型和基于知识的诊断模型，具体有等价空间法、故障树与故障传播有向图法、决策树法、信息融合和自适应阈值分析法等。这种方法的性能在很大程度上依赖雷达工作状态模型的精准性，模型越精确，诊断决策系统的性能就越好，故障报警就越准确。如果诊断模型不准确，就会偏离雷达正常的工作状态，导致虚警的产生。诊断模型不准确的主要原因是未知参数的建模误差和未知扰动。

通过以上分析可知，虚警产生的原因是信息处理流程中各个参数的不足或误差，基于信息处理流程的雷达 BIT 故障诊断模型和误差模型可用以下两式综合表示：

$$\begin{cases} \boldsymbol{Y}=\boldsymbol{M}(\boldsymbol{O},\boldsymbol{P},\boldsymbol{Q},\boldsymbol{X}) \\ \boldsymbol{Z}=\boldsymbol{N}(\boldsymbol{K},\boldsymbol{Y}) \\ \boldsymbol{O}=\boldsymbol{T}(\boldsymbol{L},\boldsymbol{Z}) \end{cases} \tag{5-26}$$

$$\begin{cases} \Delta\boldsymbol{Y}=\dfrac{\partial\boldsymbol{M}}{\partial\boldsymbol{O}}\Delta\boldsymbol{O}+\dfrac{\partial\boldsymbol{M}}{\partial\boldsymbol{P}}\Delta\boldsymbol{P}+\dfrac{\partial\boldsymbol{M}}{\partial\boldsymbol{Q}}\Delta\boldsymbol{Q}+\dfrac{\partial\boldsymbol{M}}{\partial\boldsymbol{X}}\Delta\boldsymbol{X} \\ \Delta\boldsymbol{Z}=\dfrac{\partial\boldsymbol{N}}{\partial\boldsymbol{K}}\Delta\boldsymbol{K}+\dfrac{\partial\boldsymbol{N}}{\partial\boldsymbol{Y}}\Delta\boldsymbol{Y} \\ \Delta\boldsymbol{O}=\dfrac{\partial\boldsymbol{T}}{\partial\boldsymbol{L}}\Delta\boldsymbol{L}+\dfrac{\partial\boldsymbol{T}}{\partial\boldsymbol{Z}}\Delta\boldsymbol{Z} \end{cases} \tag{5-27}$$

式中，$\Delta \boldsymbol{Y}$ 为数据采集层输出的误差；$\Delta \boldsymbol{O}$ 为数据采集层中传感器的输出误差，也是雷达 BIT 系统最终的输出误差，也就是将雷达正常的工作状态错误地认为是故障状态，因而会引起虚警；$\Delta \boldsymbol{P}$ 为数据采集层中信号调理误差；$\Delta \boldsymbol{Q}$ 为数据采集层中数据采集误差；$\Delta \boldsymbol{X}$ 为外界输入的误差，是确定的也是不可避免的；$\Delta \boldsymbol{Z}$ 为数据处理层输出的误差；$\Delta \boldsymbol{K}$ 为特征提取误差；$\Delta \boldsymbol{L}$ 为诊断决策层的模型偏差。

5.3.2.4 基于信息处理流程的虚警率影响分析

根据式（5-14）定义的虚警率概率模型，可进一步对其进行分析，以期从中发现影响其变化的统计特性参数。首先对 BIT 系统监测和诊断处理流程中各个层次存在的多种状态模型进行分析，作如下定义和假设：

雷达工作状态 E，由于讨论虚警率问题，假设雷达工作状态为正常状态 E_0（正常状态为 E_0，故障状态为 E_1，以下类同）。

数据采集层输出状态 C，反映 BIT 系统数据采集层是否工作正常，输出的数据是否是雷达当前工作状态的正确描述。

数据处理层输出状态 S，反映 BIT 系统数据处理层是否工作正常，输出的数据是否是雷达当前工作状态的正确描述。

诊断决策层判定状态 D，指基于获得的数据信息进行诊断后得到的关于雷达系统当前运行状态的决策，反映 BIT 系统诊断决策层是否工作正常，故障诊断结果是否反映雷达当前的工作状态（D_0 诊断决策为正常，D_1 诊断决策为故障）。

设 $P(\text{Healthy})$、$P(\text{Faulty})$ 分别为雷达系统处于正常状态和故障状态的先验概率，则虚警问题，即雷达系统为正常状态 Healthy 诊断决策却得到故障状态的虚警率 FAR 为

$$\text{FAR}=P(E:\text{Healthy}\Rightarrow D:\text{Faulty}) \tag{5-28}$$

信息处理流程中各层的工作状态如表 5-1 所示。

表 5-1 信息处理流程中各层的工作状态

对象	雷达工作状态（E）	数据采集层输出状态（C）	数据处理层输出状态（S）	诊断决策层判定状态（D）
状态	Healthy Faulty	Healthy Faulty	Healthy Faulty	Healthy Faulty

由式（5-14）得到该 BIT 系统的虚警率为

$$\mathrm{FAR}=P(D_1/E_0)P(E_0) \tag{5-29}$$

式中，$P(E_0)$为雷达正常的概率；$P(D_1/E_0)$为雷达状态正常而最后诊断决策判定雷达系统故障的概率。

根据 BIT 信息处理流程的诊断模型，按照 3 层处理结构，将 BIT 系统虚警率分解如下：

$$\begin{aligned}\mathrm{FAR}&=P(D_1/E_0)P(E_0)\\&=[P(D_1/S_0)P(S_0/E_0)+P(D_1/S_1)P(S_1/E_0)]P(E_0)\\&=[P(S_0/C_0)P(C_0/E_0)+P(S_0/C_1)P(C_1/E_0)]P(D_1/S_0)P(E_0)+\\&\quad[P(S_1/C_0)P(C_0/E_0)+P(S_1/C_1)P(C_1/E_0)]P(D_1/S_1)P(E_0)\end{aligned}$$

上式中，由于雷达工作状态 E 与 BIT 系统运行状态之间相互独立，因此$P(C_0/E_0)=P(C_0)$，$P(C_1/E_0)=P(C_1)$。实际使用过程中，在数据采集层输出状态有错的情况下，数据处理层输出正常的可能性几乎没有，可以认为$P(S_0/C_1)P(C_1/E_0)=0$，因此虚警率可以表示为

$$\begin{aligned}\mathrm{FAR}=&P(S_0/C_0)P(C_0)P(D_1/S_0)P(E_0)+P(S_1/C_0)P(C_0)P(D_1/S_1)\times\\&P(E_0)+P(S_1/C_1)P(C_1)P(D_1/S_1)P(E_0)\end{aligned} \tag{5-30}$$

在式（5-30）中，数据采集层输出错误，则必然导致数据处理层输出错误，数据处理层输出错误必然导致诊断决策层判定错误，则$P(D_1/S_1)=P(S_1/C_1)=1$，故式（5-30）可变为

$$\begin{aligned}\mathrm{FAR}=&P(S_0/C_0)P(C_0)P(D_1/S_0)P(E_0)+\\&P(S_1/C_0)P(C_0)P(E_0)+P(C_1)P(E_0)\\=&[P(S_0/C_0)P(C_0)P(D_1/S_0)+P(S_1/C_0)P(C_0)+P(C_1)]P(E_0)\end{aligned} \tag{5-31}$$

即

$$\mathrm{FAR}=[P(C_1)+P(S_1/C_0)P(C_0)+P(C_0)P(S_0/C_0)P(D_1/S_0)][1-P(E_1)] \tag{5-32}$$

式中，$P(E_1)$为雷达自身的故障率，$[1-P(E_1)]$代表其可靠性，是由雷达的可靠性设计及自身的物理特性、工作环境等决定的，对于 BIT 系统来

说，是一个已经存在且无法影响的常量参数。因此在雷达 BIT 系统中，影响虚警率的因素主要由下式来表示：

$$\mathrm{FAR}=P(C_1)+P(S_1/C_0)P(C_0)+P(C_0)P(S_0/C_0)P(D_1/S_0) \quad (5-33)$$

式中，$P(C_1)$为在雷达工作状态正常且提供了反映雷达正常工作相关监测参数的情况下，数据采集层由于自身状态变化或外界干扰导致其输出不能反映雷达正常的工作状态，出现错误的数据，产生虚警的概率；$P(S_1/C_0)P(C_0)$为在雷达工作状态正常且数据采集层提供正确数据的情况下，数据处理层出现异常，导致虚警的概率；$P(C_0)P(S_0/C_0)P(D_1/S_0)$为在雷达 BIT 数据采集层、数据处理层都工作正常且为诊断决策层提供正确数据的情况下，诊断决策层发生错误诊断导致虚警的概率。

实际上雷达 BIT 数据采集层也可以按照传感器、信号调理及信号采样这 3 个层次进行分解，将数据采集层的虚警率表达式如式（5-32）再进行详细的分析，本书由于篇幅有限不再讨论。

可见，BIT 系统的虚警率同时受到数据采集层的可靠性、数据处理层的特征提取能力及诊断决策层的决策能力的影响。因此，雷达的虚警抑制技术可以从以上各个因素入手进行分析。综合以往虚警原因分析结果，可以发现，以往总结的虚警原因大多包含在基于信息处理流程的原因分析结果中，这种分析方法可以使结果的系统性和条理性更强，对虚警产生过程描述得更好。

5.3.3 基于动态系统数学模型的虚警机理分析

基于信息处理流程的虚警机理分析是从 BIT 系统内部各层中不同参数对诊断结果的影响出发的，从图 5-1 雷达 BIT 动态系统结构模型可以看出，雷达 BIT 输出不仅与给定的模型及 BIT 系统的构造有关，而且与被监测单元过程系数的变动及外部环境的变动（即相关不确定性信息）密切相关，虚警的影响因素穿插在信息处理流程的 3 层之中。下面结合这些因素分析虚警的机理。

由式（5-3）、式（5-5）得到 BIT 系统模型简单的数学描述：

$$\begin{cases}\dot{\boldsymbol{x}}(t)=\boldsymbol{f}(\boldsymbol{x}(t),\boldsymbol{u}(t),\boldsymbol{\lambda}(t),\boldsymbol{\delta}(t),\boldsymbol{\theta}(t))\\ \boldsymbol{y}(t)=\boldsymbol{g}(\boldsymbol{x}(t),\boldsymbol{u}(t),\boldsymbol{\lambda}(t),\boldsymbol{\delta}(t),\boldsymbol{\theta}(t))\end{cases}$$

$$\begin{cases}\dot{\boldsymbol{x}}(t)=\boldsymbol{A}\boldsymbol{x}(t)+\boldsymbol{B}\boldsymbol{u}(t)+\boldsymbol{E}\boldsymbol{\lambda}(t)+\boldsymbol{F}\boldsymbol{\delta}(t)\\ \boldsymbol{y}(t)=\boldsymbol{C}\boldsymbol{x}(t)+\boldsymbol{D}\boldsymbol{u}(t)+\boldsymbol{G}\boldsymbol{\lambda}(t)+\boldsymbol{H}\boldsymbol{\delta}(t)\end{cases}$$

式中，$\boldsymbol{x}(t)$为反映系统内部状态的状态向量；$\boldsymbol{\lambda}(t)\in\boldsymbol{R}_{pm}$为系统待检故障矩阵；$\boldsymbol{\delta}(t)\in\boldsymbol{R}_{qm}$为系统过程噪声矩阵；$\boldsymbol{\theta}(t)$为该动态过程的模型参数（或模式分类参数）；$\boldsymbol{u}(t)$为系统输入；$\boldsymbol{y}(t)$为系统输出；$\boldsymbol{A}$，$\boldsymbol{B}$，$\boldsymbol{C}$，$\boldsymbol{D}$等分别为适维矩阵，代表相关的模型参数。

5.3.3.1　基于瞬态阈值的虚警分析

基于瞬态阈值的故障诊断方法是目前雷达BIT系统中最常见的方法。在诊断决策过程中，当被监测对象的监测量（包括直接的信号监测值或由监测值构成的待判断内容等）大于该阈值时，判定系统故障；否则判定系统正常。

在动态数学模型$\boldsymbol{y}(t)=\boldsymbol{g}(\boldsymbol{x}(t),\boldsymbol{u}(t),\boldsymbol{\lambda}(t),\boldsymbol{\delta}(t),\boldsymbol{\theta}(t))$中，$\boldsymbol{\delta}(t)$为系统过程噪声矩阵，在一般情况下，$\boldsymbol{\delta}(t)$服从零均值正态分布，但实际使用过程中，雷达的工作环境非常复杂，既有自身的工作噪声，又有环境噪声和各种干扰（尤其是电子干扰）的影响，因此雷达BIT系统同样处于复杂的环境之中，使式（5-15）不再成立，$\boldsymbol{\delta}(t)$的分布发生改变，即

$$\boldsymbol{\delta}'(t)\sim N(e(t),c(t)\sigma^2),t_0<t<t_1 \tag{5-34}$$

式（5-34）中，$|t_1-t_0|$很小，即间隔时间很短，表示该过程中出现脉冲、阶跃、间歇、瞬态等故障模式，使BIT系统出现瞬态超差，则输出为

$$\begin{aligned}\boldsymbol{y}'(t)&=\boldsymbol{g}(\boldsymbol{x}(t),\boldsymbol{u}(t),\boldsymbol{\lambda}(t),\boldsymbol{\delta}'(t),\boldsymbol{\theta}(t))\\ &=\boldsymbol{g}(\boldsymbol{x}(t),\boldsymbol{u}(t),\boldsymbol{\lambda}(t),N(e(t),c(t)\sigma^2),\boldsymbol{\theta}(t))\end{aligned} \tag{5-35}$$

输出偏差为

$$\begin{aligned}\Delta\boldsymbol{y}&=\boldsymbol{y}'(t)-\boldsymbol{y}(t)\\ &=\boldsymbol{g}(\boldsymbol{x}(t),\boldsymbol{u}(t),\boldsymbol{\lambda}(t),N(e(t),c(t)\sigma^2),\boldsymbol{\theta}(t))-\end{aligned}$$

$$\boldsymbol{g}(\boldsymbol{x}(t),\boldsymbol{u}(t),\boldsymbol{\lambda}(t),\boldsymbol{\delta}(t),\boldsymbol{\theta}(t)) \tag{5-36}$$

此时用瞬间观测量进行诊断决策时，很容易发生错误，这是目前常规 BIT 在使用过程中发生的虚警模式之一。

基于瞬态阈值的诊断过程其实可归结为一个二元假设问题，即判断故障“有”或“无”。若记系统的状态空间为 $\boldsymbol{S}=\{\boldsymbol{S}_1,\boldsymbol{S}_2\}$，由阈值 $\boldsymbol{S}_T$ 将 $\boldsymbol{S}$ 划分为互不相交的子空间 $\boldsymbol{S}_1$ 和 $\boldsymbol{S}_2$，监测值落在子空间 $\boldsymbol{S}_1$ 无故障，监测值落在子空间 $\boldsymbol{S}_2$ 有故障，$\boldsymbol{s}$ 为状态空间中的变量，其理想状态概率曲线如图 5-4 所示。

设 H_0 为无故障假设，$P(\boldsymbol{s}|H_0)$ 代表雷达系统无故障时的条件概率密度曲线；设 H_1 为有故障假设，$P(\boldsymbol{s}|H_1)$ 代表雷达系统有故障时的条件概率密度曲线。$\boldsymbol{s}_T$ 为雷达 BIT 阈值，它将整个空间分为两个子空间：$\boldsymbol{S}_1=\{\boldsymbol{s}\leqslant\boldsymbol{s}_T\}$ 和 $\boldsymbol{S}_2=\{\boldsymbol{s}\geqslant\boldsymbol{s}_T\}$。判决规则：$\boldsymbol{s}\in\boldsymbol{S}_1$ 时，判断为无故障（H_0 为真）；$\boldsymbol{s}\in\boldsymbol{S}_2$ 时，判断为有故障（H_1 为真）。

在 BIT 系统的运行过程中，实际的条件概率密度曲线往往受到特定环境（干扰、噪声等）的影响，使无故障条件概率密度曲线与有故障条件概率密度曲线存在交叠，如图 5-5 所示，一部分无故障的检测值落入了大于阈值 $\boldsymbol{s}_T$ 的范围，导致虚警的产生。

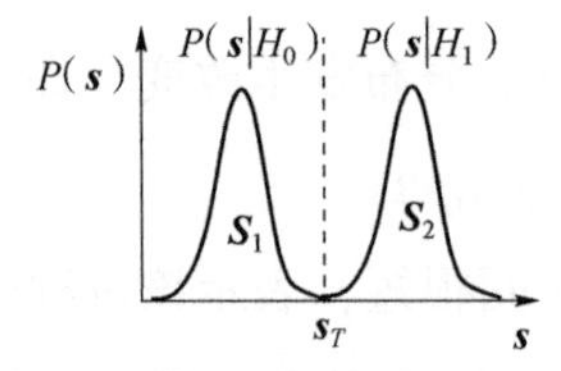

图 5-4 理想状态概率曲线

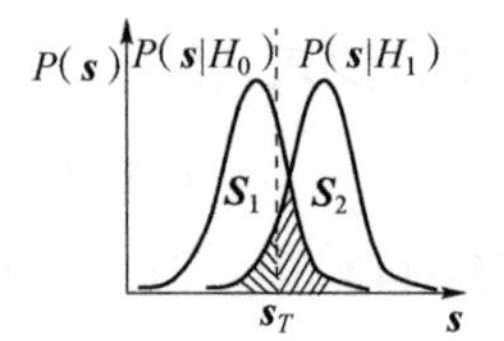

图 5-5 实际状态概率曲线

根据以上分析，BIT 系统的故障检测率（FDR）、虚警率（FAR）和漏检率（FNR）分别为

$$\mathrm{FDR}=P(\text{判断 } H_1 \text{ 真}|H_1 \text{ 真})=\int_{s>s_T}P(\boldsymbol{s}|H_1)\mathrm{d}\boldsymbol{s} \tag{5-37}$$

$$\mathrm{FAR}=P(\text{判断}\,H_1\,\text{真}\,|\,H_0\,\text{真})=\int_{s>s_T}P(s\,|\,H_0)\,\mathrm{d}s \tag{5-38}$$

$$\mathrm{FNR}=P(\text{判断}\,H_0\,\text{真}\,|\,H_1\,\text{真})=\int_{s<s_T}P(s\,|\,H_1)\,\mathrm{d}s \tag{5-39}$$

其中，故障检测率与漏检率的关系为

$$\mathrm{FDR}=1-\mathrm{FNR} \tag{5-40}$$

总的诊断错误率（Diagnosis False Rate，DFR）为

$$\begin{aligned}\mathrm{DFR}&=P(H_0)\cdot\mathrm{FAR}+P(H_1)\cdot\mathrm{FNR}\\&=P(H_0)\int_{s>s_T}P(s\,|\,H_0)\,\mathrm{d}s+P(H_1)\int_{s<s_T}P(s\,|\,H_1)\,\mathrm{d}s\end{aligned} \tag{5-41}$$

从上述公式和图 5-5 可以看出，在选定决策阈值时，虚警率和故障检测率是一对矛盾，单独通过改变决策值来同时降低虚警率和提高故障检测率是不可能的。如果提高故障检测率，虚警率就会增加；如果减小虚警率，故障检测率就会减小；如果要同时满足这两个要求，一个合理的阈值选取非常重要。通常需要采用最优决策，如以逼近贝叶斯最优决策为目标降低虚警率和提高故障检测率。

因此，基于瞬态阈值的 BIT 故障诊断方法虽然实现起来简单，便于在线 BIT 的实现，但同时存在明显的缺陷：

①仅仅依据阈值的大小对被测信号瞬间状态给出判别，对信息的利用能力非常有限，这也导致该方法对噪声和干扰的影响非常敏感，容易测试虚警。

②阈值很难取得最优，阈值过小会导致虚警，阈值过大会导致漏检。

5.3.3.2　基于模型的虚警分析

由 BIT 动态数学模型及式（5-2）$\boldsymbol{P}=\boldsymbol{g}^{-1}(\boldsymbol{\theta})$ 可知，雷达工作的过程参数向量 $\boldsymbol{P}$ 可由系数向量（模型参数向量）$\boldsymbol{\theta}$ 得到，利用系统的输入输出数据及正常值 $\boldsymbol{P}_0$ 就可以完成雷达故障的检测功能。

在实际使用过程中，对于一个复杂的雷达系统而言，要建立一个完善

的数学模型所需要的过程参数向量 $\boldsymbol{P}$ 的维数往往很高。在建模诊断过程中，由于计算精度和能力等方面的原因，数学模型的阶数不可能确定得很高，这使模型参数向量 $\boldsymbol{\theta}$ 的维数通常小于过程参数向量 $\boldsymbol{P}$ 的维数；同时，影响检测对象状态的物理参数数目较多且相互关联，实际上不可能实现式（5-2）中 $\boldsymbol{\theta}$ 与 $\boldsymbol{P}$ 的一一映射，即不可能根据数学模型参数的计算估计获得相应过程参数的一一对应；在建模的过程中对检测对象和过程进行某种假设和忽略，使获得的数学模型与实际相差较远，因此基于模型的 BIT 故障诊断方法在使用过程中容易产生虚警。下面从模型的数学描述上来分析。

在式（5-5）中加入诊断模型误差，则诊断模型变为

$$\begin{cases} \dot{\boldsymbol{x}}(t)=(\boldsymbol{A}+\Delta\boldsymbol{A})\boldsymbol{x}(t)+(\boldsymbol{B}+\Delta\boldsymbol{B})\boldsymbol{u}(t)+\boldsymbol{E\lambda}(t)+\boldsymbol{F\delta}(t) \\ \boldsymbol{y}(t)=(\boldsymbol{C}+\Delta\boldsymbol{C})\boldsymbol{x}(t)+(\boldsymbol{D}+\Delta\boldsymbol{D})\boldsymbol{u}(t)+\boldsymbol{G\lambda}(t)+\boldsymbol{H\delta}(t)) \end{cases} \tag{5-42}$$

式（5-42）中，$\Delta\boldsymbol{A}$、$\Delta\boldsymbol{B}$、$\Delta\boldsymbol{C}$、$\Delta\boldsymbol{D}$ 为建模误差，这里为了分析的方便，没有按照式（5-20）在模型中加入带时变的参数系数 $\Delta\boldsymbol{A}(t)$ 及 $\Delta\boldsymbol{B}(t)$。

可用传递函数的形式将式（5-42）的输入输出关系描述为

$$\boldsymbol{y}(s)=(\boldsymbol{G}_u(s)+\Delta\boldsymbol{G}_u(s))\boldsymbol{u}(s)+\boldsymbol{G}_\lambda(s)\boldsymbol{\lambda}(s)+\boldsymbol{G}_\delta(s)\boldsymbol{\delta}(s) \tag{5-43}$$

系统生成的残差为

$$\boldsymbol{r}(s)=\boldsymbol{H}_\gamma(s)\boldsymbol{G}_\lambda(s)\boldsymbol{\lambda}(s)+\boldsymbol{H}_\gamma(s)\Delta\boldsymbol{G}_u(s)\boldsymbol{u}(s)+\boldsymbol{H}_\gamma(s)\boldsymbol{G}_\delta(s)\boldsymbol{\delta}(s) \tag{5-44}$$

通过式（5-44）可以看出，$\boldsymbol{H}_\gamma(s)\boldsymbol{G}_\lambda(s)\boldsymbol{\lambda}(s)$ 为故障对残差的影响，$\boldsymbol{H}_\gamma(s)\boldsymbol{G}_\delta(s)\boldsymbol{\delta}(s)$ 为过程噪声（未知干扰）的影响，$\boldsymbol{H}_\gamma(s)\Delta\boldsymbol{G}_u(s)\boldsymbol{u}(s)$ 为建模误差（模型偏差）对残差的影响，当 $\boldsymbol{H}_\gamma(s)\Delta\boldsymbol{G}_u(s)\boldsymbol{u}(s)+\boldsymbol{H}_\gamma(s)\boldsymbol{G}_\delta(s)\boldsymbol{\delta}(s)>0$ 时，BIT 系统会产生虚警；当 $\boldsymbol{H}_\gamma(s)\Delta\boldsymbol{G}_u(s)\boldsymbol{u}(s)+\boldsymbol{H}_\gamma(s)\boldsymbol{G}_\delta(s)\boldsymbol{\delta}(s)<0$ 时，BIT 系统会产生漏检。

因此，基于模型的 BIT 诊断方法的问题主要表现在以下两个方面：

①系统过分依赖数学模型，而实际的结构、参数和环境都具有很

大的不确定性。系统的不确定性增加或存在的不确定性因素难以估计，使数学模型不能精确反映系统特性，导致诊断误差太大，容易产生 BIT 虚警。

②系统的特性常常表现为非线性，因此数学模型很难精确建立，即使建立了模型，从实际使用的角度讲，往往要做线性化处理，这往往会降低模型的诊断精度。

5.3.3.3　BIT 模式分类诊断方法缺陷导致虚警分析

由于基于模型的诊断方法中系统的数学模型不好建立，而且建立的数学模型与实际情况往往相差甚远，这种方法在实际应用中受到很多限制，因此 BIT 系统中大量采用了基于模式分类的故障诊断方法。该方法的实质就是获取足够的先验故障样本代替对检测对象的精确数学建模，即通过列举观测向量与故障模式的对应关系代替数学建模中求取函数 $\boldsymbol{P}=\boldsymbol{g}^{-1}(\boldsymbol{\theta})$ 和参数估计 $\boldsymbol{\theta}$ 的过程。

模式分类诊断方法数学描述如下：

设 $\boldsymbol{\Omega}_i(i=1,2,\cdots,C)$ 是建立的被测对象故障模式类别集合，C 是被测对象总的故障模式类别数，$\boldsymbol{\psi}_i$ 是被测对象的观测向量序列，$\phi(\cdot)$ 是 BIT 系统基于模式分类原理的故障诊断分类函数。

对于一个待分类的观测向量：

$\boldsymbol{\psi}_i=\{\boldsymbol{x}_i,\boldsymbol{y}_i\}=\{\{x_{i1},x_{i2},\cdots,x_{im}\},\{y_{i1},y_{i2},\cdots,y_{im}\}\}$，$m$ 是被测对象的观测向量数据维数。

对于模式分类判决函数 $\phi(\cdot)$，若

$$\phi_{j^*}(\boldsymbol{\psi}_i)>\phi_j(\boldsymbol{\psi}_i),\forall j=1,2,\cdots,C,且\ j^*\neq i \tag{5-45}$$

则有

$$\boldsymbol{\psi}_i\in\boldsymbol{\Omega}_{j^*} \tag{5-46}$$

表示待分类的未知模式属于第 j^* 类。

这种故障诊断方法的优点是对被测对象各种故障模式已知的情况非常

有效。这种方法的优点也决定了该方法的缺点：如果 BIT 系统难以获得足够的先验故障样本，或者获得的故障样本不全面、不充分、不完备，就难以获得完整的映射关系：

$$\phi(\cdot):\boldsymbol{\psi}_i\rightarrow\boldsymbol{\Omega}_j, i=1,2,\cdots,N;\ j=1,2,\cdots,C \tag{5-47}$$

BIT 系统的检测和诊断性能就大大下降，在遇到未知故障模式的采集数据时，常常得出错误的诊断结论，这是造成 BIT 系统在设计初期和运行初期虚警率较高的重要原因。又由于 BIT 系统设计人员对被测对象特性缺乏深入、长期的了解，不可能积累足够的先验故障模式的样本数据，加上 BIT 诊断算法较为固定，对于未知故障模式缺乏自适应能力，因此在遇到未知状态时容易产生虚警。

5.3.3.4 BIT 系统自身数据通道导致虚警分析

在基于信息处理流程的虚警中分析了数据采集层引起虚警的原因，下面从动态数学模型的角度来分析。

在式（5-1）$\boldsymbol{y}(t)=\boldsymbol{\psi}^{\mathrm{T}}(t)\boldsymbol{\theta}$ 中，$\boldsymbol{\psi}(t)$ 为观测向量，$\boldsymbol{\theta}$ 为系数向量，$\boldsymbol{y}(t)$ 为系统输出。对 BIT 而言，正常的监测诊断功能实现的前提条件是 BIT 系统本身输入输出信号采集通道必须完好，即保证观测向量 $\boldsymbol{\psi}(t)$ 的正确，否则依据错误的观测向量 $\boldsymbol{\psi}'(t)$ 计算出来的系数向量 $\boldsymbol{\theta}'$ 必然错误，即状态估计值发生错误。对于式（5-1）所示的系统模型，有

$$\boldsymbol{\xi}_y(t)=\boldsymbol{\xi}_u(t)+\boldsymbol{n}(t)+\boldsymbol{\gamma}(t) \tag{5-48}$$

式中，$\boldsymbol{\xi}_y(t)$ 为数据通道的测量输出；$\boldsymbol{\xi}_u(t)$ 为数据通道的实际输入；$\boldsymbol{n}(t)$ 为测量随机误差；$\boldsymbol{\gamma}(t)$ 为测量过失误差。

一般情况下，测量随机误差 $\boldsymbol{n}(t)$ 服从零均值正态分布，即 $\boldsymbol{n}(t)\sim N(0,\sigma^2)$，在实际测量中数值较小，可以通过去噪、滤波等手段去除其对 BIT 系统诊断决策的影响；$\boldsymbol{\gamma}(t)$ 是由传感器安装不当、漂移、失效、仪器故障等原因造成的严重测量过失误差。正常情况下 $\boldsymbol{\gamma}(t)\sim N(0,\sigma^2)$，如果在实际测量过程中出现数据采集通路故障，该测量过失误差 $\gamma(t)$ 不服从零

均值正态分布，会使 BIT 系统实际观测向量 $\boldsymbol{\psi}(t)=\{\boldsymbol{u}(t),\boldsymbol{y}(t)\}$ 产生严重偏离，得到包含错误信息的观测向量：

$$\boldsymbol{\psi}'(t)=\{\boldsymbol{u}'(t),\boldsymbol{y}'(t)\}=\{\boldsymbol{u}(t)+\boldsymbol{n}_u(t)+\boldsymbol{\gamma}_u(t),\boldsymbol{y}(t)+\boldsymbol{n}_y(t)+\boldsymbol{\gamma}_y(t)\} \tag{5-49}$$

式中，$\boldsymbol{n}_u(t)$、$\boldsymbol{n}_y(t)\sim N(0,\sigma^2)$；$\boldsymbol{\gamma}_u(t)$、$\boldsymbol{\gamma}_y(t)\sim N(e(t),c(t)\sigma^2)$，$e(t)\neq 1$，$c(t)\neq 1$。

由错误信息的观测向量 $\boldsymbol{\psi}'(t)$ 必然得到错误的系数向量 $\boldsymbol{\theta}'$，即状态估计值发生错误。BIT 系统会依据对应关系映射出错误的故障模式，从而导致 BIT 虚警。BIT 系统内部数据采集通路故障是造成 BIT 系统在运行过程中发生虚警的重要原因之一。

5.4　雷达 BIT 虚警原因与虚警抑制方案

5.4.1　虚警产生的原因概括

以上基于动态数学模型与基于信息处理流程的虚警分析从不同的角度分析了虚警产生的原因及虚警机理，总的来说，雷达 BIT 系统在使用过程中虚警产生的影响因素分为两个方面：外界因素与 BIT 系统自身因素。

外界因素指外界环境和噪声干扰。外界环境包括恶劣的环境因素，如高温、高湿、频繁的气压变化、激烈的振动冲击、不适当的激励等；噪声干扰来源也很多，主要是各种电磁效应与辐射，包括附近雷达及电台干扰、敌方施放的电磁干扰等，有时宇宙干扰、工业干扰和天电干扰也会有些影响。这些因素的存在将使干扰信号随同期望信号加入雷达 BIT 系统中，使系统的工作状态不稳定而产生虚警。

BIT 系统自身因素可以从信息处理的 3 个流程来分析。例如，数据采集层中监测点的选择不合理，传感器的布局不合理，各子系统之间的耦合以及传感设备自身的特性变化（功能异常）使采集到的数据不能真实反映雷达的工作状态，表现在测试输出上则为信号畸变、信号缺失、信号干扰等形式，使数据采集层输出的数据与雷达正常的工作状态之间存在偏差，这些数据进行后续流程的处理容易导致虚警的产生。数据处理层的关键是特征提取和选择，在该层可能的特征量很多，但反映的状态规律性、敏感性和模式空间的聚类性与可分性并不同，各个特征所包含状态信息之间的相关性也不一致，需要在特征分析的基础上选择规律性好、敏感性强的分类特征作为初始模式向量，并在此基础上，消除冗余信息，构造用于分类的、维数较低的模式向量，提高分类的效率。数据处理层产生虚警的原因是特征提取和选择不当，导致特征信息质量较差，主要表现为特征不明显、特征冗余和特征不匹配（特征与故障不匹配、特征与诊断决策器不匹配）。诊断决策层产生虚警的原因主要是诊断能力不够。对于不同的诊断方法，其诊断能力体现在不同的方面：基于瞬态阈值的诊断方法中，阈值的确定不合理容易导致虚警；在基于模型的诊断方法中，其诊断能力主要体现在所构建模型的精准上，在建模的过程中对检测对象和过程进行某种假设和忽略，使获得的数学模型与实际相差较远从而导致虚警；在基于模式分类诊断的方法中，对于未知模式的无法识别也容易引起虚警；在诊断决策层中，瞬态故障、间歇故障的特点是随机出现和消失，发生的时间很随机，在有限的、不能预料的时间内，对雷达及 BIT 系统产生影响，没有明显的模式和频率。这种瞬态故障、间歇故障的不确定性容易引起诊断的不确定性，最终都会以虚警的形式表现。

5.4.2 减少雷达 BIT 虚警的思路与技术途径

国内学者田仲等把降低虚警率的方法归纳为确定合理的测试容差、确定合理的故障指示与报警条件、提高 BIT 的工作可靠性、环境应力的测量与应用、人工智能技术的应用等 7 个方面；温熙森等把减少 BIT 虚警的策略分为设计过程中减少虚警、检测过程中减少虚警、诊断过程中减少虚警、决策过程中减少虚警 4 个阶段。降低和抑制虚警的方法在很多资料中都有体现。雷达装备是一个复杂的系统，包括雷达、激光、电视、火控、电站等部分，每一个部分又包括很多系统，如雷达包括发射、接收、信号处理、天线控制、动目标等系统，各系统之间的联系错综复杂，因此故障现象、故障原因都很复杂。我们根据雷达的特点，结合虚警产生的原因，从雷达的实际情况出发，介绍 BIT 系统虚警问题的解决办法。

5.4.2.1　合理的阈值确定方法

阈值（或门限）法是目前设备异常检测运用最多的方法，它根据相关设备运行标准或长期的运行经验，规定系统主要参数变化范围，当参数超出该范围时就认定设备出现异常。在 BIT 的检测与诊断中，阈值法也是最常用、最基本的一种方法。阈值是指被测参数的最大允许偏差范围，超过此范围被测装备就不能正常工作，表明装备出现了故障。从前面讨论的基于瞬态阈值的虚警分析可知，合理地确定阈值对 BIT 来说非常重要，直接关系到监测诊断系统的性能，如果阈值选择过大，意味着测试容差范围太宽，则可能把不能正常工作的被测对象判定为合格，会发生漏检即有故障不报的情况；如果阈值选择过小，意味着测试容差范围太窄（限制太严），则会把正常工作的被测对象判定为故障，从而产生虚警。以上就是常规 BIT 虚警产生的主要原因之一。

由于雷达装备本身比较复杂，故其工作模式很多。例如，雷达整机有搜索、截获、跟踪 3 种工作方式；雷达天线控制系统方位扫描方式有手控工作、镜控工作、圆周扫描搜索、扇形扫描搜索、自动跟踪（包括雷达跟踪、电视跟踪、数字/模拟目标跟踪）等多种工作模式。模式改变（瞬态）时，雷达状态有较大的变化，这时如果发生故障，则其对应状态参数变化也比较大；在一种工作模式（稳态）下，发生故障时产生的偏离和漂移较小。前者称为硬故障，后者称为软故障。对于瞬态工作时的硬故障和稳态工作时的软故障都采用相同的阈值是不合理的，适合于稳态工作时的故障检测阈值对于瞬态情况过于严格，会产生虚警；反之，适合于瞬态工作时的故障检测阈值对于稳态情况又过于宽松，会发生漏检。另外，在装备的使用过程中，工作状态的变化以及干扰、噪声等不确定性因素的影响，会使系统的特性发生较大的瞬态变化，但装备并未发生故障，此时如果仍然用系统瞬态工作时的阈值进行检测判断，就会发生虚警。因此应该适时地改变阈值的大小，以适应装备不同的工作状态。

如何选择合适的阈值，使阈值具有一定的自适应能力是一个很有价值的课题。目前已提出的阈值设计方法主要有基于元部件允差的方法、基于统计的方法、基于知识的方法、基于信号处理的方法、基于解析模型的方法、代价函数法等。基于阈值的虚警抑制方法有双阈值法、小波阈值法、动态阈值法、自适应阈值法等。

5.4.2.2 运用现代模式识别方法，提高模式分类的精准度，抑制雷达虚警

雷达 BIT 的检测诊断中，信号的特征模式、故障模式往往很多，有线性与非线性的、相关与不相关的、样本量少与样本冗余的、特征明显与特征不明显的等，这就需要进行模式识别。在 BIT 模式分类诊断方法与基于模型的诊断方法的分析中，对于两种方法导致虚警的机理进行了分析，要减少雷达的虚警，必须提高模式分类的精准度。在这些信号中，信息量往往较大，但反映的状态规律性、敏感性和在模式空间的聚类性、可分性并不相同，各个信号所包含的状态信息之间的相关性也不一致，需要在特征分析的基础上选择规律性好、敏感性强的分类特征作为初始模式向量，并在此基础上，消除冗余信息，构造用于分类、维数较低的模式向量，提高分类的效率。

经典的模式识别方法有统计方法与句法方法（结构模式识别）。贝叶斯理论是经典模式识别的基本方法之一，它在假设各类别样本总体概率或概率分布已知和待分类的类别数一定的前提下，利用特征空间中对类概率

的影响决定该样本所属的类别。在许多实际问题中，由于样本特征空间的类条件概率密度的形式常常很难确定，利用Parzen窗等非参数方法估计分布又往往需要大量样本，而且随着特征空间维数的增加，所需的样本数急剧增加，因此实际上可以不用求出类条件概率密度，而采用设计分类器的模式识别方法。

目前特征模式提取方法分两类，一类是线性特征提取方法，另一类是非线性特征提取方法。线性特征提取方法用得较多的是Fisher判决分析（FDA）法、主成分分析（PCA）法、独立分量分析（ICA）法等；非线性特征提取方法目前使用较多的是神经网络特征提取法、主曲线分析法（Principle Curve Analysis）和核主元分析法。故障模式分类用于诊断决策，目前应用较为广泛的是决策树、神经网络、模糊集、马尔科夫模型、支持向量机和粗糙集等。

随着现代科技的发展，各学科间的相互渗透、交叉越来越明显，在模式识别方面也体现出多种方法结合的应用发展趋势。由于每一种方法都有各自的优缺点，因此各种方法交叉综合应用，实现优势互补，是模式识别与故障诊断方法的发展方向，可有效地提高模式识别的精准度，减少系统的虚警。

5.4.2.3 运用现代信号处理方法，开展降噪与干扰抑制技术

由前面的分析可知，雷达在复杂的噪声（包括干扰）环境中工作，同样雷达BIT系统也不可避免地受到这些干扰噪声的影响，BIT信号采集中不可避免地会存在一定的噪声，如果噪声过大，势必会影响诊断结论，导致虚警产生。从雷达BIT的动态数学模型也可以看出，$\boldsymbol{\delta}(t)$是系统过程噪声矩阵，是虚警产生的重要原因。因此，对信号进行降噪处理，尽可能去除噪声，提高信噪比，可以有效地降低虚警率。

从来源来说，噪声与干扰可分为内部噪声干扰与外部噪声干扰。内部噪声干扰是指雷达自身的电路或器件产生的噪声干扰，如元件的热噪声、

晶体管的低频噪声和由外部的触发产生的自激等；外部噪声干扰指的是从外部侵入雷达的各种噪声干扰，如自然界雷电产生的噪声干扰，机器或设备产生的人为噪声干扰，包括触电放电、放电管通断电产生的火花，工业用高频设备、电力输送线、机动车、大功率发射装置、超声波设备等产生的强电磁干扰等。

从影响方式来分，噪声可分为加性噪声与乘性噪声两种。大部分情况下，噪声都是加性的，因此一般情况下讨论加性噪声的消除方法。加性噪声的去除方法很多，包括传统去噪法和现代去噪法。传统去噪法包括相关去噪法、平均去噪法、滤波去噪法（包括 FIR、IIR 等）。现代去噪法包括维纳滤波（Wiener Filter）、卡尔曼滤波（Kalman Filter）、LMS 类自适应滤波、RLS 自适应滤波、傅里叶变换等。

5.4.2.4 基于多源信息融合的故障诊断与虚警抑制技术

雷达是集电子、微波、光电、精密机械、自动控制及计算机技术为一体的复杂电子装备，其组成与结构越来越复杂，信号特性也越来越复杂，如非线性、时变性、大滞后性、模糊性和不确定性等。当系统发生故障时，常常表现多种故障征兆，仅仅靠单一的理论方法和信息难以对故障做出精确的诊断，尤其是常规 BIT 中经常出现漏报与虚警现象。20 世纪 90 年代开始，信息融合技术开始在故障诊断领域中得到重视，面对故障诊断过程中越来越复杂的情况，人们开始从多角度、多个信息源进行故障诊断，于是基于多源信息融合的故障诊断成为故障诊断技术发展的一个方向。

多源信息融合是对来自多源的数据和信息进行互联、相关和组合，以改善状态估计和预测的过程。对于故障诊断应用而言，就是充分利用各种传感器、各个信息来源，通过对各种信息的合理支配和使用，把信息在空间上或时间上的冗余或互补信息根据某种准则进行组合，以获得被测对象的一致性解释或描述。多源信息融合的基本目标是通过信息组合而不是通过在输入信息中的任何个别元素，推导出更多的信息。这是最佳协同作用的结果，即利用多个信息共同或联合操作的优势，提高整个诊断系统的有效性。多源信息融合与单信息的处理方式相比，能充分利用各种信息资源，最大限度地提高信息资源的利用率，提高系统故障的诊断精度，获得精确的状态估计，从而改善检测性能，增加诊断结果的置信度，在一定程度上起到抑制虚警的作用。

从基于信息处理流程的雷达 BIT 系统故障诊断模型可以看出，信息处理流程可分为数据采集层、数据处理层、诊断决策层，因此信息融合按信息处理层次可分为数据采集层融合、数据处理层融合、诊断决策层融合。应用于数据采集层融合的主要方法有小波变换、FFT、加权平均、遗传算法、产生式规则等；应用于数据处理层融合的主要方法有概率统计诊断方法、模式识别诊断方法、故障树分析（FTA）和故障模式影响及危害度分析（FMECA）诊断方法、卡尔曼滤波（Kalman Filter）、模糊理论、人工神经网络等；应用于诊断决策层融合的主要方法包括贝叶斯推理、D-S 证据理论、专家系统、模糊理论、粗糙集等。

对于雷达装备来讲，要减少虚警，提高故障诊断精度，单纯依靠装备使用期间采集的故障信息是远远不够的，必须综合运用装备在设计、生产、使用和维修期间的信息。为此，一方面可以进行 BIT 信息处理通道自诊断，另一方面可以综合利用可靠性分析数据、故障模式影响及危害度分析数据、故障树分析数据、装备的现场采集数据以及装备的历史数据等，采用多种方法实现智能 BIT 的综合诊断和故障趋势预测。

5.5　本章小结

本章运用 BIT 3 层信息处理框架建立了基于信息处理流程的雷达 BIT 系统结构模型，该模型是从 BIT 系统内部自身数据处理来描述的，从

BIT 系统的输入输出关系及外界因素的影响出发建立了雷达 BIT 动态系统数学模型。分别从两种模型中相关参数出发，详细分析了不同参数对 BIT 系统的影响及虚警产生的机理。此外，还对虚警及虚警率的概念和现象及虚警对雷达的影响进行了介绍，根据虚警分析的结论，总结了虚警产生的原因，从 4 个方面给出了减少雷达 BIT 虚警问题的思路与技术途径。

第6章 BIT系统虚警抑制技术

第5章建立了雷达BIT动态系统数学模型及基于信息处理流程的雷达BIT系统结构模型，在对两种模型虚警机理进行详细分析的基础上，给出了减少雷达BIT虚警问题的思路与技术途径。传感器是执行BIT检测功能的重要环节，本章将传感器数据证实与检测融合技术相结合，介绍基于传感器数据证实与检测融合的虚警抑制技术，其在提高检测诊断的精准度和降低输出数据不确定性等方面具有较好的性能，可有效抑制BIT系统的虚警。噪声干扰是雷达BIT虚警的重要原因，本章在分析多种现代降噪原理及方法的基础上，给出基于自适应高斯包络线调频小波分解（Adaptive Gaussian Chirplet Decomposition，AGCD）快速算法的广义似然比信号检测降噪处理算法，该算法能有效地降低噪声，起到虚警抑制的作用。

6.1 基于传感器数据证实与检测融合的虚警抑制技术

6.1.1 方法的提出

在基于信息处理流程的雷达BIT系统结构模型中，数据采集层对系统检测性能的影响很大，直接影响数据处理层、诊断决策层对相关数据及信息的处理，是虚警产生的重要原因。数据采集层由传感器、信号调理及信号采样 3 部分组成，而传感器是其中的核心环节。传感器技术是现代测试及控制技术的灵魂，其输出信号质量的好坏关系到整个 BIT 系统性能的好坏。为降低 BIT 虚警率，需要提高诊断决策的准确性，而诊断决策的性能在很大程度上依赖于传感器提供的数据质量，因此 BIT 系统应该具备对传感器故障的检测、容错及纠错能力，保证数据采集层输出数据的可靠性，即反映雷达系统的真实状态。

雷达在复杂的电磁环境中工作，不可避免地受到外界干扰、噪声等不确定性因素的影响，传感器处于 BIT 系统的最前端，直接受这些因素的影响。传感器自身状态变化或受外界干扰等不确定性因素的影响，导致其提供的传感数据出现异常，即使使用了正确的诊断方法仍然会产生诊断误差，从而导致虚警。第 5 章虚警率的数学模型分析同样证明了数据采集层的不确定性对 BIT 系统虚警率的影响。

传感器证实技术能够满足上述要求。为了保证雷达 BIT 信息处理和诊断决策的可信度，必须对传感器输出的异常变化进行检测，以保证数据采集层获取数据的质量，实现该检测过程的技术即为传感器证实技术。根据前面的分析，BIT 系统的检测过程中有很多不确定性信息，若不对这些信息进行检测和处理，当该不确定性超过一定的范围时，就会对检测诊断结果产生影响，因此可采用传感器证实技术对数据自身状态进行及时检测和处理，这是保证数据质量必不可少的环节。在实际的应用中，既可对单个传感器证实，也可以利用多个传感器之间的相关信息对多个传感器进行证实。此外，在雷达装备 BIT 的检测诊断中，即使是对同一过程或对象的检测，单一传感器的信息也是有限的，依靠单一传感器只能完成简单的故障诊断，难以完成复杂情况下的故障诊断与定位。多传感器检测融合可以利用不同传感器之间的互补信息，将不同的观测数据或判决结果进行综合，从而得到关于同一环境或事件的更完全、更准确的判决，因此多传感器检测融合与单传感器信息处理方式相比，信息融合后可有效地利用多种信息资源，更大程度地获得被诊断目标的信息量。

如果将传感器证实技术与多传感器检测融合技术结合在一起，一方面可以保证数据采集层获取数据的质量，尽量接近所监测雷达系统的真实工作状态，另一方面能充分利用多种资源信息，在提高检测诊断的精准度和降低输出数据不确定性等方面具有较好的性能，可有效抑制 BIT 系统的虚警，降低虚警率。

6.1.2　传感器数据证实与检测融合 BIT 系统模型

整个 BIT 系统的基本框架还是基于信息处理流程的雷达 BIT 结构模型，在数据采集层与数据处理层之间顺序加入传感器数据证实与传感器检测融合两个组成部分。基于传感器数据证实与检测融合 BIT 系统模型如图 6-1 所示。

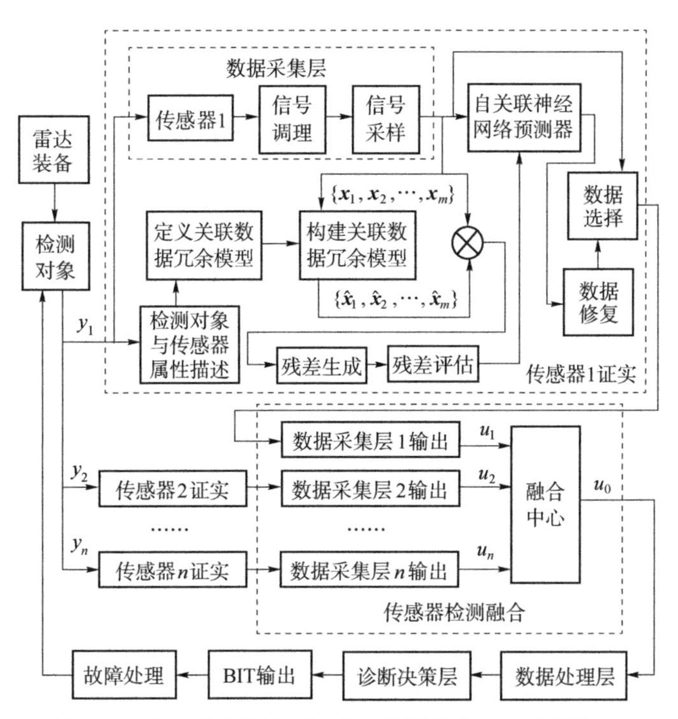

图 6-1　基于传感器数据证实与检测融合 BIT 系统模型

6.1.2.1 传感器数据证实

传感器数据证实部分在 BIT 系统中相当于对数据采集层的输出起到一个反馈的作用。如果系统判断输出的数据正确，则该数据就通过数据选择后，直接作为数据采集层的输出，加到传感器检测融合中心；如果经过传感器证实后，判断数据采集层输出数据错误，则系统会对该数据进行重构，将修复后的数据传送到传感器检测融合中心。在介绍数据采集层输出数据的检测判断及修复过程之前，先简单介绍基于分析冗余的数据证实。

20 世纪 70 年代，美国学者 R. V. Berd 和苏联学者 G. S. Britov 等人相继提出利用解析冗余代替物理冗余或直接冗余进行故障检测和诊断的思想。A. S. Willsky 还提出将解析冗余和统计决策工具相结合的思想。他们的开创性工作，使系统的检测诊断逐步摆脱其对物理冗余较强的依赖性。对于多数系统而言，信息的处理都涉及 3 个过程，即信息输入、信息处理、信息输出。这些信息处理过程之间的交互关系，特别是隐藏在系统的输入与输出之间的静态或动态关系，为系统的诊断提供了有价值的冗余信息。这种信息称为解析冗余或分析冗余，基于系统的输入和输出的解析关系进行诊断的过程则称为解析冗余或分析冗余的方法。与硬件冗余方法相比，基于分析冗余的方法是以模型为基础的技术。在传感器数据证实过程中，系统的输入输出之间的静态或动态关系模型提供了变量之间的冗余关系模型，用该模型可进行传感器的故障检测和诊断，其过程可分为模型构建、残差生成和残差评估 3 个步骤。

对雷达装备中的某一检测对象，在传感器数据证实部分首先要构建系统输入输出关系的分析冗余模型。设传感器 i 的输入为 $\boldsymbol{y}_i$（观测量），对应的数据采集层输出的数据为 $\boldsymbol{X}=\{\boldsymbol{x}_1,\boldsymbol{x}_2,\cdots,\boldsymbol{x}_m\}$，根据该检测对象及传感器属性描述（输入输出关系），定义关联数据冗余模型，再以此为基础构建关联数据冗余模型，即获得系统中的解析冗余信息，设此模型系统的输出应为 $\hat{\boldsymbol{X}}=\{\hat{\boldsymbol{x}}_1,\hat{\boldsymbol{x}}_2,\cdots,\hat{\boldsymbol{x}}_m\}$。残差生成的过程是将系统的真实行为与理想行为进行比较的处理过程。从数学角度来分析，系统实际的输出与模型产生的输出之间存在的不一致称为残差。残差生成的同时还要以某些形式对残差进行构造，根据残差的不同特征进行故障的检测和隔离。数据采集层无故障时残差为 0，残差对故障的敏感性最大，同时受到噪声和干扰的影响。残差评估是以残差为基础设计规则，并由此判断残差是否明显偏离期望区间。当得到的残差超过了初始限定的区间，系统认为产生异常，可进行数据修复或故障隔离。

通常，描述系统输入输出关系的模型包括代数方程、微分/偏微分方程、随机微分方程、差分方程、随机差分方程［自回归（AR）模型、自回归滑动平均（ARMA）模型］等。用于数据建模的方法主要有奇偶空间、矩阵映射、最小二乘方差、神经网络等。残差生成方法主要有基于奇偶空间的残差生成方法、基于检测滤波器/观测器的残差生成方法、基于参数辨识的残差生成方法、基于仿真的残差生成方法等。

当系统因干扰或噪声出现异常，其往往表现为瞬态故障或间歇故障，自关联神经网络（Auto-Associative Neural Network，AANN）预测器用来降噪及对异常数据进行修复。在雷达 BIT 数据采集层处理的数据中，除部分变量是线性相关外，存在大量非线性相关和时变的测试数据。对于具有上述特点的传感器数据，利用神经网络建立其输入输出模型是一种比较实用的方法，可以实现不同非线性映射的方式是各节点取不同权值，其重构方式为软重构，当被建模对象的非线性映射变化后，通过新数据样本的训练能很快适应对象变化。自关联神经网络能够学习传感器输出数据构成的动态对象数据格式，并且动态对象数据关联模式具有保持不变或者至少在 50 个采样时间段内变化不显著的特点。利用自关联神经网络及其变异类在线估计和预报动态过程关联数据的方法，能够以较高的精度映射、估计和预估训练相邻时间段内传感器数据之间的关联关系，可构造集传感器异常数据偏差检测、分离及修复功能于一体的传感器数据证实方案。自关联神经网络利用数据采集层及残差的相关信息，实现数据修复，将结果送数据选择部分。数据选择部分根据残差判断的情况，当系统正常时直接将数据采集层输出数据送融合中心，而当系统异常时将修复数据送融合中心。

6.1.2.2 传感器检测融合

在大型复杂系统的状态监测与故障诊断过程中，由于系统动态行为、功能和结构的复杂性、非线性及不确定性，仅借助单一信息源提供的信息，采用常规的故障诊断方法，根据几个主要的故障特征量做出判断，难以实现故障的准确诊断，尤其对于雷达装备这样复杂的机电系统进行故障诊断，有必要充分利用各种检测手段，获得多种状态信息，形成集成与融合的智能诊断系统，提高故障诊断的精确度。

实际上影响雷达装备性能的参数很多，除了电压、电流等基本参数外，还有温度、声音、光线、频率、脉宽等，如何利用各种信息对于故障的综合诊断有非常重大的意义。随着数据融合理论和应用的发展，多传感器检测融合在故障诊断中有着广泛的应用，特别是在机械设备的诊断中尤其如此。但在电子装备故障诊断中，相关的报道还是比较少，其中一个主要原因是电子系统中各个器件比较小，发出的功率也不大，因此利用别的传感器信息测量相应的信息比较困难。随着科学技术的迅速发展，出现了一些新技术新器件，传感器的发展非常迅速，正朝着多样化、新型化、集成化、智能化发展。多传感器的集成越来越容易，测量的精度越来越高，因此基于传感器的检测融合在雷达装备中的应用越来越方便。

采用传感器检测融合方法的主要目的，就是通过多个传感器检测结果的融合，获得任意单个传感器所无法达到的检测性能。有文献表明，在 n 个传感器融合系统中，如果至少存在两个传感器观测质量较好，则融合系统的检测性能就可明显优于单个传感器。参与融合的传感器可以是同类传感器，也可以是异质传感器。在融合系统的设计过程中，经常需要采用异质传感器构造融合系统，从而有效利用不同类型传感器的观测互补性。不同类型的传感器通常具有不同的作用域，而在其共同的作用域内观测质量会有较大的差异，因此在采用异质传感器构造检测融合系统时，首先要对其在共同作用域内的观测质量进行分析，选择相应的检测手段和方法进行融合。

在图 6-1 所示的 BIT 系统模型中采用并行分布式多传感器检测融合，假设有 n 个传感器，每个传感器对应的输入为$\boldsymbol{y}_i(i=1,2,\cdots,n)$，经过传感器证实后数据采集层的输出为 $\boldsymbol{u}_i(i=1,2,\cdots,n)$，经过融合中心进行融合，最后的判决为 u_0。传感器检测融合的关键在融合中心，结构如图 6-2 所示，其功能是根据多传感器从多方面探测系统的物理量，利用相关技术，在一定准则下进行数据选择、数据关联分析、状态估计、判决输出等多级处理，准确及时地判断雷达装备的运行状态并进行故障定位。

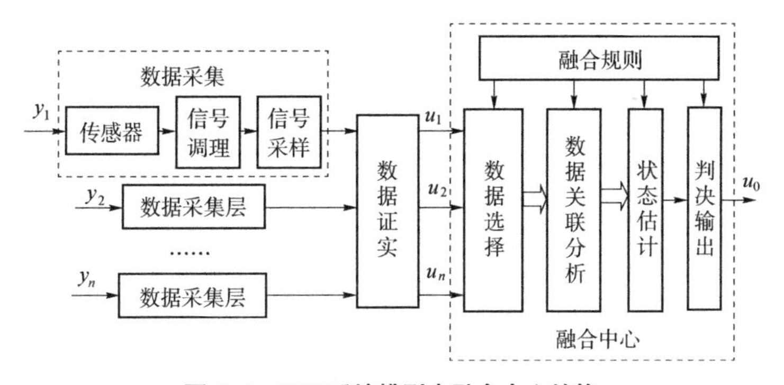

图 6-2　BIT 系统模型中融合中心结构

6.1.2.3　传感器判决规则与融合规则

在分布式检测融合理论中，传感器判决规则与融合规则既相互独立又密切联系。该 BIT 系统的检测性能由融合中心及传感器的判决规则共同决定，为了使系统性能达到最优，需要同时考虑两个规则。Reibman 和 Nolte 提出了一种全局最优检测融合系统的设计方法，即联合设计融合规则和传感器判决规则，从而使系统的检测性能达到最优。全局最优方法是检测融合理论的一个核心内容，采用全局最优方法设计融合系统，可以有效提高融合系统的检测能力。

为了求解最优系统判决规则，需要假设各个传感器观测量的条件概率密度已知。可是在实际情况下，传感器观测量的条件概率密度函数通常未知，因此需要采用有限样本进行估计，需要对检测融合算法的稳定性或鲁棒性进行分析。因此，设计一个检测融合系统应考虑几个主要问题，即传感器观测量的建模、传感器观测模型的参数估计、融合系统的检测融合算法及融合系统检测性能与稳定性分析。

6.1.3 传感器数据证实虚警性能分析

6.1.3.1 传感器数据证实模型降低数据不确定性分析

1. 传感器动态过程不确定性分析

第 5 章数据采集层虚警的机理分析中，我们把数据采集层的输入输出关系模型化表示为 $\boldsymbol{Y}=\boldsymbol{M}(\boldsymbol{O},\boldsymbol{P},\boldsymbol{Q},\boldsymbol{X})$，通过数据采集层的影响使输出 Y 偏离真实值，设偏差为 $\Delta\boldsymbol{Y}$，则 $\Delta\boldsymbol{Y}$ 可以表示为

$$\Delta\boldsymbol{Y}=\frac{\partial\boldsymbol{M}}{\partial\boldsymbol{O}}\Delta\boldsymbol{O}+\frac{\partial\boldsymbol{M}}{\partial\boldsymbol{P}}\Delta\boldsymbol{P}+\frac{\partial\boldsymbol{M}}{\partial\boldsymbol{Q}}\Delta\boldsymbol{Q}+\frac{\partial\boldsymbol{M}}{\partial\boldsymbol{X}}\Delta\boldsymbol{X} \tag{6-1}$$

这其中包括传感器测试输出数据自身发生偏差或异常情况等不确定性因素的影响，但这种分析只是定性的分析，虽然结果比较全面，但无法得到定量的结果。若分析中已知各个参数所反映的不确定性，在已知函数关系的条件下，则可以进行传感器的不确定性计算。在 $\boldsymbol{Y}=\boldsymbol{M}(\boldsymbol{O},\boldsymbol{P},\boldsymbol{Q},\boldsymbol{X})$ 中，假设 $\boldsymbol{Y}=\boldsymbol{M}(\boldsymbol{\mu})$，其中 $\boldsymbol{\mu}=\{\boldsymbol{\mu}_i\}=\{\boldsymbol{O},\boldsymbol{P},\boldsymbol{Q},\boldsymbol{X}\}$，则可依据下式进行不确定性计算：

$$\boldsymbol{\delta}_Y^2=\boldsymbol{F}_u(\boldsymbol{Y})^{\mathrm{T}}\boldsymbol{\delta}_u^2\boldsymbol{F}_u(Y) \tag{6-2}$$

式中，$\boldsymbol{\delta}_u$ 为 u 的不确定性矩阵；$\boldsymbol{F}$ 为梯度算子，$\boldsymbol{F}_u=\frac{\partial}{\partial u}(\cdot)$。

上式中，由于测试过程的确切函数和参数的不确定性矩阵较难获得，

同时希望不确定性分析结果能反映各种因素的影响，故 Fry 基于传感器系统的可靠性模型进行了不确定性分析，构建了不确定性计算表达式：

$$\boldsymbol{\delta}(t)=\delta_0 P_0(t)+\delta_1 P_1(t) \tag{6-3}$$

式中，δ_0 和 δ_1 分别为系统处于正常状态和异常状态下的不确定性；$P_0(t)$ 和 $P_1(t)$ 为系统在 t 时刻分别处于正常状态和异常状态的概率。

上式在时刻 $t=k\Delta t$ 的不确定性计算可离散化为

$$\boldsymbol{\delta}(k)=\delta_0 P_0(k)+\delta_1 P_1(k) \tag{6-4}$$

传感器数据证实过程将对检测到出现异常变化的数据进行处理，用该数据的估计值对故障数据进行近似修复，以降低或消除传感层的不确定性的影响。数据证实和修复后的状态将受到数据的故障检测率（FDR）c、虚警率（FAR）α 和恢复率 r 的影响，其分别描述了系统 f 状态模式的可观测性、可诊断性和可校正性。对于传感层输出的初始数据，经过数据证实和修复，其状态模式演化过程为真实状态模式→诊断状态模式→修复状态模式，其中每一个模式都可用一个二元组进行描述：$\{\text{Faulty},\text{Healthy}\}\rightarrow\{0,1\}$。

2. 数据修复前不确定性分析

假设在 t 时刻，未进行传感数据证实和修复过程时，设系统处于状态 f_i 的概率为 $P_i(k^-)(i=0,1)$，若此时对异常数据进行检测判断但并未采取措施，在诊断决策 $d_i(i=0,1)$ 的情况下系统处于状态 f_i 的概率为 $P_i(k^+)_{d_j r^-}(i,j=0,1)$，则

$$\begin{cases}P_0(k^+)_{d_0 r^-}=\dfrac{(1-\alpha)P_0(k^-)}{(1-c)+(c-\alpha)P_0(k^-)}\\[2ex] P_0(k^+)_{d_1 r^-}=\dfrac{\alpha P_0(k^-)}{c+(\alpha-c)P_0(k^-)}\end{cases} \tag{6-5}$$

根据 $P_1(k^+)_{d_m r^-}=1-P_0(k^+)_{d_m r^-}$ 及 $m=0,1$，可得不确定性计算公式为

$$\hat{\delta}_{r^-}(k^+)=\sum_m P_0(k^+)_{d_m r^-}\delta_0+\sum_m P_1(k^+)_{d_m r^-}\delta_1 \tag{6-6}$$

3. 数据修复后不确定性分析

数据修复功能只针对检测出的异常数据进行，即诊断输出为 d_1 的数据

执行修复功能，设修复后系统的概率为 $P_i(k^+)_{d_m r^+}(i,m=0,1)$，可得

$$\begin{cases} P_i(k^+)_{d_0 r^+} = P_i(k^+)_{d_0 r^-} \\ P_0(k^+)_{d_1 r^+} = r \\ P_1(k^+)_{d_1 r^+} = 1-r \end{cases} \tag{6-7}$$

经过后验概率分析可知，由于数据经过传感器数据证实后将改变传感层的不确定性，重新估计的参数也将具有与实测数据不同的属性不确定性，因此传感层输出的不确定性也将发生变化。假设恢复数据后对应的不确定性仍旧采用原有的先验不确定性，则传感层输出的不确定性计算为

$$\hat{\delta}_{r^+}(k^+) = \sum_m P_0(k^+)_{d_m r^+}\delta_0 + \sum_m P_1(k^+)_{d_m r^+}\delta_1 \tag{6-8}$$

将修复后的后验概率代入式（6-8）可得

$$\hat{\delta}_{r^+}(k^+) = P_0(k^+)_{d_0 r^+}\delta_0 + r\delta_0 + P_1(k^+)_{d_0 r^+}\delta_1 + (1-r)\delta_1 \tag{6-9}$$

4. 传感器数据证实修复前后不确定性比较分析

根据上述分析，将传感器数据证实修复前后不确定性概率相减，可得式（6-10），即可进行不确定性比较。

$$\hat{\delta}_{r^-}(k^+) - \hat{\delta}_{r^+}(k^+) \approx [P_0(k^+)_{d_1 r^-}\delta_0 + P_1(k^+)_{d_1 r^-}\delta_1] + [r\delta_0 + (1-r)\delta_1] \tag{6-10}$$

对于实际的系统，一般有 $\delta_0 \ll \delta_1$，同时在设计和实现传感层系统和数据证实系统时，会对系统的性能有一定的要求。一般来说，要求传感层系统具有较低的故障率（$P_1<5\%$）、较高的故障检测率（$c>90\%$）和较低的虚警率（$\alpha<5\%$），同时要求数据恢复率较高，因此可由式（6-10）得到

$$\hat{\delta}_{r^-}(k^+) > \hat{\delta}_{r^+}(k^+) \tag{6-11}$$

由以上分析可得出结论，经过传感器数据证实和修复过程后，数据采集层输出数据的不确定性降低，从而达到提高数据质量和可信度的目的。

6.1.3.2 BIT 全系统虚警率比较分析

根据第 5 章分析，在加入传感器数据证实之前，BIT 系统的虚警率为

$$\alpha = P(S_0/C_0)P(C_0)P(D_1/S_0)P(E_0)+P(S_1/C_0)P(C_0)P(E_0)+P(C_1)P(E_0)$$
$$= [P(S_0/C_0)P(C_0)P(D_1/S_0)+P(S_1/C_0)P(C_0)+P(C_1)]P(E_0)$$

即

$$\alpha=[P(C_1)+P(C_0)P(S_1/C_0)+P(C_0)P(S_0/C_0)P(D_1/S_0)]P(E_0) \tag{6-12}$$

在 BIT 系统中嵌入传感器数据证实之后，相当于在系统中加入了数据的判断与修复功能，则仅对那些判断为故障的异常数据才激发修复功能。BIT 系统传感器数据证实模式分析如表 6-1 所示，具体定义与第 5 章相同。

表 6-1　BIT 系统传感器数据证实模式分析

对象	雷达工作状态（E）	数据采集层输出状态（C）	数据判断状态（H）	数据处理层输出状态（S）	诊断决策层判定状态（D）
状态	Healthy Faulty	Healthy Faulty	Healthy Faulty	Healthy Faulty	Healthy Faulty

数据判断率指对处于状态 $C:C\in\{C_0,C_1\}$ 的数据采集层输出信号的状态进行判断，得到判断结论 $H:H\in\{H_0,H_1\}$，H_0 表示数据正常，H_1 表示数据异常，其概率记为 $P(H/C)$。异常数据恢复率为当判断数据状态为异常状态 H_1 时，将当前判断为异常数据 C 修复为正常数据 C_0 的概率，记为 P_{Rec}，$P_{\mathrm{Rec}}=P(C\to C_0/H_1)$。

系统虚警率的公式变为

$$\begin{aligned}\alpha_{\mathrm{Rec}} &= P(D_1/E_0)P(E_0)\\ &= [P(D_1/S_0)P(S_0/E_0)+P(D_1/S_1)P(S_1/E_0)]P(E_0)\\ &= [P(S_0/H_1)P(H_1/E_0)+P(S_0/H_0)P(H_0/E_0)]P(D_1/S_0)P(E_0)+\\ &\quad [P(S_1/H_1)P(H_1/E_0)+P(S_1/H_0)P(H_0/E_0)]P(D_1/S_1)P(E_0)\\ &= [P(H_1/C_1)P_{\mathrm{Rec}}P(C_1/E_0)+P(H_1/C_0)P(C_0/E_0)]P(S_0/H_1)P(D_1/S_0)\times\\ &\quad P(E_0)+[P(H_0/C_1)P(C_1/E_0)+P(H_0/C_0)P(C_0/E_0)]P(S_0/H_0)\times\end{aligned}$$

$$P(D_1/S_0)P(E_0)+[P(H_1/C_1)P_{\text{Rec}}P(C_1/E_0)+P(H_1/C_0)P(C_0/E_0)]\times P(S_1/H_1)P(D_1/S_1)P(E_0)+[P(H_0/C_1)P_{\text{Rec}}P(C_1/E_0)+P(H_0/C_0)\times P(C_0/E_0)]P(S_1/H_0)P(D_1/S_1)P(E_0) \tag{6-13}$$

为了简化计算，假设异常数据的恢复率为 100%，即 $P_{\text{Rec}}=1$，按照第 5 章的简化方法，可以计算传感器数据证实后的虚警率为

$$\alpha_{\text{Rec}}=[P(C_1)+P(C_0)P(H_1/C_0)+P(C_0)P(H_0/C_0)P(S_1/H_0)+P(C_0)P(H_0/C_0)P(S_0/H_0)P(D_1/S_0)]P(E_0) \tag{6-14}$$

实际上，数据采集层输出数据正确的情况下，数据判断的结果不可能为异常，则 $P(H_1/C_0)=0$，$P(H_0/C_0)=1$，那么

$$\alpha_{\text{Rec}}=[P(C_1)+P(C_0)P(S_1/H_0)+P(C_0)P(S_0/H_0)P(D_1/S_0)]P(E_0) \tag{6-15}$$

由式（6-12）有

$$\alpha=[P(C_1)+P(C_0)P(S_1/C_0)+P(C_0)P(S_0/C_0)P(D_1/S_0)]P(E_0)$$

因为

$$\begin{aligned} P(S_1/C_0)&=P(H_0/C_0)P(S_1/H_0)+P(H_1/C_0)P(S_0/H_1)\\ &\geqslant P(H_0/C_0)P(S_1/H_0)=P(S_1/H_0)\\ P(S_0/C_0)&=P(H_0/C_0)P(S_0/H_0)+P(H_1/C_0)P(S_0/H_1)\\ &\geqslant P(H_0/C_0)P(S_0/H_0)=P(S_0/H_0) \end{aligned}$$

所以

$$\alpha_{\text{Rec}}\leqslant\alpha \tag{6-16}$$

因此，经过传感器数据证实后 BIT 系统的虚警率小于数据采集层直接输出数据的虚警率，系统的虚警性能得到改善。

6.1.4 传感器数据证实与检测融合系统虚警性能分析

从 6.1.2 节 BIT 系统模型的分析中可知，该模型采用并行结构分布式

多传感器检测融合系统，为了分析方便，假设各个传感器对同一对象（目标）进行独立观测和数据证实，且各传感器的故障检测率及虚警率均已知。传感器的证实结果直接送至融合中心，融合中心对各个传感器的判决进行融合，并给出系统的最终判决。下面就是要解决并行结构融合系统的性能优化问题，以及传感器判决规则和融合规则的优化准则，使融合系统最终判决的贝叶斯风险达到最小。下面分析系统的数学描述与最优性能求解方法。

6.1.4.1　系统数学描述

在图 6-1 及图 6-2 中，用 H_0 表示零（无故障）假设，用 H_1 表示备选（有故障）假设，第 k 个传感器根据其输入 y_k 进行独立量化，并将结果 u_k（m_k 位二进制信息）送融合中心，融合中心对各个传感器证实的判决结果 $u=(u_1,u_2,\cdots,u_n)$ 进行融合，并给出系统的最终判决 u_0，$u_0=0$ 表示融合系统判决 H_0 为真，$u_0=1$ 表示融合系统判决 H_1 为真。

由于第 k 个传感器对应的数据采集层输出 m_k 位二进制信息，则该传感器的判决规则可称为量化规则，用 $\gamma_k(y_k)$ 表示为

$$u_k=\gamma_k(y_k)=\begin{cases}0, & \text{如果 } y_k\in\Omega_k^{(0)},\\ 1, & \text{如果 } y_k\in\Omega_k^{(1)},\\ \vdots & \qquad\vdots\\ M_k-1, & \text{如果 } y_k\in\Omega_k^{(M_k-1)},\end{cases}\qquad M_k=2^{m_k},k=1,2,\cdots,n \tag{6-17}$$

式中，$\Omega_k^{(0)}$，$\Omega_k^{(1)}$，…，$\Omega_k^{(M_k-1)}$ 为第 k 个传感器观测空间的任一划分。

设第 k 个传感器输入量 y_k 的条件概率密度函数为 $f_{y_k}(y_k\mid H_j)\,(j=0,1)$，第 k 个传感器的故障检测率为 P_{Dk}，虚警率为 P_{FAk}，融合系统的故障检测率及虚警率分别为 P_D、P_{FA}。给定先验概率 $P_0=P(H_0)$、$P_1=P(H_1)$，用 C_{ij} 表示当 H_j 为真，而判断为 H_i 时所需付出的代价，则融合系统的贝叶斯风险可以表示为

$$R_B = \sum_{i=0}^{1}\sum_{j=0}^{1} C_{ij}P_jP(u_0 = i|H_j) \tag{6-18}$$

由于 $P(u_0 = i|H_1) = (P_D)^i(1-P_D)^{1-i}$，$P(u_0 = i|H_0) = (P_{FA})^i \times (1-P_{FA})^{1-i}$，化简上式可得

$$R_B = C_{FA}P_{FA} - C_DP_D + C \tag{6-19}$$

式中，$C_{FA}=P_0(C_{10}-C_{00})$；$C_D=P_1(C_{01}-C_{11})$；$C=C_{01}P_1+C_{00}P_0$。

实际使用中，做出一个错误的判决通常比做出正确判断要付出更多的代价，因此可以假设 $C_{10}>C_{00}$，$C_{01}>C_{11}$，这就意味着 $C_{FA}>0$，$C_D>0$，由于 $P_D=P(u_0=1|H_1)$，$P_{FA}=P(u_0=1|H_0)$，可以得到融合系统的故障检测率和虚警率分别为

$$P_D = \sum_u P(u_0 = 1|u)P(u|H_1) \tag{6-20}$$

$$P_{FA} = \sum_u P(u_0 = 1|u)P(u|H_0) \tag{6-21}$$

将式（6-20）、式（6-21）代入式（6-19），可得系统的贝叶斯风险为

$$R_B = C + \sum_u P(u_0 = 1|u)[C_{FA}P(u|H_0) - C_DP(u|H_1)] \tag{6-22}$$

由式（6-22）可知，系统的贝叶斯风险由融合规则 $u_0=\gamma_0(u)$ 与各传感器的量化规则 $u_k=\gamma_k(y_k)$ 共同决定。该融合系统的性能优化问题，就是寻求一个最优的系统判决规则 $\gamma=(\gamma_0,\gamma_1,\cdots,\gamma_n)$，使融合系统的贝叶斯风险 $R_B(\gamma)$ 最小。

6.1.4.2 最优性能求解方法

为了使检测融合系统性能达到最优，需要联合设计融合中心的融合规则及各传感器的量化规则，可以分两步完成：先在传感器的量化规则固定的情况下，确定融合中心的融合规则；再在融合中心的融合规则固定的情况下，确定传感器的量化规则。联合求解融合中心的最优融合规则及传感器的最优量化规则，就可获得使贝叶斯风险最小的最优系统判决规则。

①在传感器的量化规则固定的情况下，使系统贝叶斯风险达到最小的最优融合规则为

$$\frac{P(u|H_1)}{P(u|H_0)} \underset{H_0}{\overset{H_1}{\gtrless}} \frac{C_{\mathrm{FA}}}{C_{\mathrm{D}}} \tag{6-23}$$

式中，$P(u|H_1)/P(u|H_0)$为融合中心观测量的似然比；$C_{\mathrm{FA}}/C_{\mathrm{D}}$为判决阈值。

②在融合中心的融合规则固定的情况下，且传感器k向融合中心传送m_k位二进制量化信息，使系统贝叶斯风险达到最小的最优量化规则为

$$u_k=\begin{cases} 0, & \text{如果 } C_k^0(y_k)=C_k(y_k), \\ 1, & \text{如果 } C_k^1(y_k)=C_k(y_k), \\ \vdots & \quad\vdots \\ M_k-1, & \text{如果 } C_k^{M_k-1}(y_k)=C_k(y_k), \end{cases} \quad M_k=2^{m_k},k=1,2,\cdots,n \tag{6-24}$$

式中，$C_k^m(y_k)=\sum\limits_{\tilde{u}_k} P(u_0=1 \mid \tilde{u}_k,u_k=m)\{C_{\mathrm{FA}}P(\tilde{u}_k \mid y_k,H_0)f_{y_k}(y_k \mid H_0)-C_{\mathrm{D}}P(\tilde{u}_k \mid y_k,H_1)f_{y_k}(y_k \mid H_1)\}$　$(\tilde{u}_k=u_1,u_2,\cdots,u_{k-1},u_{k+1},\cdots,u_n)$；$C_k(y_k)=\min\{C_k^0(y_k),C_k^1(y_k),\cdots,C_k^{M_k-1}(y_k)\}$。

下面给出一个定义，如果对于任意一个传感器k及传感器输出m、l，若融合规则满足$P(u_0=1|\tilde{u}_k,u_k=m)-P(u_0=1|\tilde{u}_k,u_k=l)\geqslant 0$，$1\leqslant k\leqslant n$，$0\leqslant l\leqslant m\leqslant M_k-1$，则该融合规则是单调的。

③假设融合系统中各个传感器的观测量相互独立，则对于任一给定的单调融合规则，使系统检测性能达到最优的各个传感器的量化规则为

$$u_k=\begin{cases} 0, & \text{如果 } T_{k,0}\leqslant \Lambda_k(y_k)<T_{k,1}, \\ 1, & \text{如果 } T_{k,1}\leqslant \Lambda_k(y_k)<T_{k,2}, \\ \vdots & \quad\vdots \\ M_k-1, & \text{如果 } T_{k,M_k-1}\leqslant \Lambda_k(y_k)<T_{k,M_k}, \end{cases} \quad k=1,2,\cdots,n \tag{6-25}$$

式中，$\Lambda_k(y_k)=f_{y_k}(y_k|H_1)/f_{y_k}(y_k|H_0)$为单个传感器观测量的似然比；$M_k=2^{m_k}$；$T_{k,0}=0$；$T_{k,M_k}=\infty$。

$$T_{k,m}=\frac{C_{\mathrm{FA}}\sum_{\tilde{u}_k}A(\tilde{u}_k,m,m-1)P(\tilde{u}_k|H_0)}{C_{\mathrm{D}}\sum_{\tilde{u}_k}A(\tilde{u}_k,m,m-1)P(\tilde{u}_k|H_1)},m=1,2,\cdots,M_k-1$$

(6-26)

式中，$A(\tilde{u}_k,m,m-1)=P(u_0=1|\tilde{u}_k,u_k=m)-P(u_0=1|\tilde{u}_k,u_k=m-1)$；$\tilde{u}_k=u_1,u_2,\cdots,u_{k-1},u_{k+1},\cdots,u_n$。

式（6-25）说明，在融合规则单调且各个传感器观测独立的条件下，最优量化规则为似然比量化规则，这样由式（6-23）及式（6-25）联合求解就可得到最优融合规则及各个传感器的最优量化门限。由于最优融合规则及最优量化门限是耦合的，因此需要数值迭代法进行求解。步骤如下：

①任意选择一个初始融合规则$f^{(0)}$及各个传感器的初始量化门限$T^{(0)}_{k,m}$，$k=1,2,\cdots,n$；$m=0,1,\cdots,M_k$，且满足$T^{(0)}_{k,0}=0$，$T^{(0)}_{k,M_k}=\infty$，$T^{(0)}_{k,0}\leqslant T^{(0)}_{k,1}\leqslant\cdots\leqslant T^{(0)}_{k,M_k}$，计算$\{f^{(0)},\{T^{(0)}_{1,m}\}^{M_1}_{m=0},\{T^{(0)}_{2,m}\}^{M_2}_{m=0},\cdots,\{T^{(0)}_{n,m}\}^{M_n}_{m=0}\}$对应的贝叶斯风险$R^{(0)}_{\mathrm{B}}$。设置循环变量$t=1$及循环终止控制量$\xi>0$。

②固定$\{\{T^{(t-1)}_{1,m}\}^{M_1}_{m=0},\{T^{(t-1)}_{2,m}\}^{M_2}_{m=0},\cdots,\{T^{(t-1)}_{n,m}\}^{M_n}_{m=0}\}$，根据式（6-23）求解融合规则$f^{(t)}$。

③对于第一个传感器，固定$\{f^{(t)},\{T^{(t-1)}_{2,m}\}^{M_2}_{m=0},\cdots,\{T^{(t-1)}_{n,m}\}^{M_n}_{m=0}\}$，并根据式(6-26)计算$T^{(t)}_{1,m},m=1,2,\cdots,M_k-1$。依此类推，对于第$k$个传感器，$k=2,3,\cdots,n$，固定$\{f^{(t)},\{T^{(t)}_{1,m}\}^{M_1}_{m=0},\cdots,\{T^{(t)}_{k-1,m}\}^{M_{k-1}}_{m=0},\{T^{(t-1)}_{k+1,m}\}^{M_{k+1}}_{m=0},\cdots,\{T^{(t-1)}_{n,m}\}^{M_n+1}_{m=0}\}$，并根据式（6-26）计算量化门限$T^{(t)}_{k,m},m=1,2,\cdots,M_k-1$。

④计算$\{f^{(t)},\{T^{(t)}_{1,m}\}^{M_1}_{m=0},\{T^{(t)}_{2,m}\}^{M_2}_{m=0},\cdots,\{T^{(t-1)}_{n,m}\}^{M_n}_{m=0}\}$对应的贝叶斯风险$R^{(t)}_{\mathrm{B}}$。如果$R^{(t-1)}_{\mathrm{B}}-R^{(t)}_{\mathrm{B}}>\xi$，则令$t=t+1$，并转入第二步循环，否则终止循环，并认为$\{f^{(t)},\{T^{(t)}_{1,m}\}^{M_1}_{m=0},\{T^{(t)}_{2,m}\}^{M_2}_{m=0},\cdots,\{T^{(t-1)}_{n,m}\}^{M_n}_{m=0}\}$为最优融合规则及各个传感器的最优量化门限。

6.2　基于 AGCD 快速算法的广义似然比信号检测降噪技术

6.2.1　现代降噪方法概述

6.2.1.1　噪声干扰与信号检测方法

雷达处于复杂的电磁环境中，噪声干扰无处不在，是 BIT 系统产生虚警的原因之一。在雷达 BIT 的设计过程中，虽然可以从硬件上做一些工作，尽量减少噪声干扰，但是仍然有噪声随有用信号进入 BIT 信号处理通道，影响信号的检测与诊断。以简单的阈值检测为例，如图 6-3 所示。

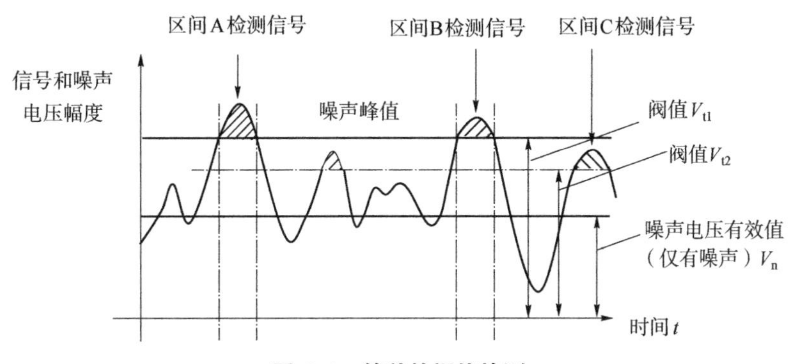

图 6-3　简单的阈值检测

位于区间 A 的检测信号由于其幅值是强信号，可以与周围的噪声区分，假如因此而将阈值设置很大（阈值 V_{t1}），当强信号出现时，信号加噪声的包络线超过阈值，当仅有噪声出现时，达不到阈值，这样很容易将信号检测出来。假如位于区间 B 和区间 C 的是相同幅值的信号，由于与同时发生的噪声电压叠加，原来相同的信号可能产生不同的幅值，区间 B 的电压可能超出阈值，能够被检测，但遗憾的是区间 C 的信号叠加也不会使电压超过阈值，导致信号无法检测，也就是说当信号较小时（相对噪声），不能再有效地检测信号，这适用于图中位于区间 C 的检测信号；如果此时将阈值设置很小（阈值 V_{t2}），则很有可能将噪声干扰（特别是瞬时大信号）当有用信号检测出来，造成虚警。因此，信号检测不能完全依靠阈值比较法。换言之，在信号检测中，由于上述不稳定因素的存在，目标检测总有一定的概率，此概率称为目标检测率。在雷达对目标信号的检测中，主体成分是接收机中的噪声，通常用恒虚警率（CFAR）方法进行处理，参考文献 [150] 列举了 7 种恒虚警率处理方案。雷达 BIT 信号检测中，主体成分是检测信号，本书采用降噪的方法进行处理。

6.2.1.2 几种降噪方法分析

1. 傅里叶变换降噪方法

传统的方法中使用广泛的是频谱分析技术，即利用傅里叶变换把信号映射在频域内加以分析，具体流程如下：

①对原始信号进行傅里叶变换，求出其频谱；

②根据频谱，对比所关心的频谱成分，对不需要的频谱成分进行抑制；

③对变换后的频谱进行傅里叶逆变换，得到降噪后的信号。

这种方法在信号平稳且有明显区别于噪声的频谱特性时是比较有效的。然而，对于实际的可能包含许多尖峰或突变部分的非平稳信号来说，频谱分析就无能为力了，因为傅里叶分析是将信号完全在频率域中进行分析，它不能给出信号在某个时间点上的变化情况，导致信号在时间轴上的任何一个突变，都会影响信号的整个谱图，即对于频率时变的、持续时间有限的非平稳信号无能为力。

短时傅里叶变换（STFT）是一种重要的时频分析方法，其性能由窗函数决定，它存在着如下的缺陷：对应一定的时刻，只对其附近窗口内的信号分析，若选择窗窄，则其时间分辨率高，但频率分辨率相应降低；同样，若为了提高频率分辨率使窗变宽，则时间分辨率又下降，这二者是一对矛盾。从本质上而言，短时傅里叶变换是一种单一频率的信号分析方法，因为它使用的是一个固定的短时窗函数，同样不适合频率时变的信号。

2. 小波分析降噪方法

小波分析方法也是信号降噪处理的有力工具之一，它是 20 世纪 80 年代开始逐渐发展成熟起来的一个数学分支。小波分析的主要特点集中表现在对时频域的双重定域能力和多分辨率（多尺度）分析能力。它是一种窗口大小（即窗口面积）固定但形状可变，时间窗和频率窗都可改变的时频局域化分析方法，即在低频部分具有较高的频率分辨率和较低的时间分辨率，而在高频部分具有较高的时间分辨率和较低的频率分辨率。

在实际工程中，有用信号通常表现为低频信号，而噪声信号则通常表现为高频信号。噪声信号多包含在具有较高频率的细节中，从而可利用阈值等形式对所分解的上波系数进行处理，然后对信号进行小波重构，即可达到信号去噪的目的。小波分析用于信号去噪的步骤如下：

①分解过程：选定一种小波，对信号进行 N 层小波（小波包）分解。

②作用阈值过程：对分解得到的各层系数选择一个阈值，并对细节系数作用软阈值处理。

③重建过程：降噪处理后的系数通过小波（小波包）重建恢复原始信号。

小波分析主要存在小波基选择困难的问题，另外由于频率空间的范围越来越小，代表比较高级别的细节分量的小波也越来越少，即每次小波变换后变换点的数目就减少一半，导致分辨率出现模糊和不清晰。小波分析本质上是一种时间尺度分析，它更适合于分析具有自相似结构的信号，而并不具有普遍适用性。虽然小波分析具有多分辨率特性，但一旦选定母小波后，它的多分辨率体现为一种固定的模式，并不具有真正自适应的特性。

3. HHT 分析去噪方法

希尔伯特-黄变换（Hilbert-Huang Transform，HHT）是一种新的数据或者信号处理方法，可以处理非线性非平稳信号。应用 HHT 方法对信号进行降噪主要是运用其中的经验模态分解（Empirical Mode Decomposition，EMD）算法。由于该算法是基于信号本身的尺度特征来对信号进行分解，因此它既吸取了小波分析多分辨率的优势，同时又克服了在小波分析中需要选择小波基的困难，具有很好的局域特性和自适应性，适用于非平稳信号的滤波和降噪。EMD 算法基于信号的极值特征尺度，它从最大的特征尺度进行筛分，从而获得最高频的固有模态函数（Intrinsic Mode Function，IMF）分量，随着筛分的不断进行，我们可以获得频率逐渐变小的多个 IMF 分量。每个 IMF 分量都具有一定的物理意义。由于每个 IMF 分量都包含一定范围的特征尺度，因此可以利用这个特征构造一种新的时空滤波器，这种滤波器不是基于频域，而是基于特征尺度参数。用 HHT 进行去噪的方法：对含噪信号用 EMD 算法分解成若干阶 IMF，一般认为噪声经 EMD 算法后，大多存在于低阶 IMF 里，而实际工程中原始、未被污染的信号一般为低频或平稳信号。基于这样的思想，可以取后几阶 IMF 分量及残余信号进行累加，形成重构，即可完成信号的去噪。此外在故障诊断中，EMD 算法可以根据信号自身特点自适应地得到若干基波模式分量，且每个基波模式分量中包含不同的故障信息。将之与循环自相关解调相结合，根据信号经 EMD 算法后的故障信息在各基波模式分量中的分布情况，选择合适的基波模式分量进行循环自相关解调分析，可在一定程度上减少循环平稳结果中交叉项带来的干扰，提高分析结果的可靠性。

HHT 分析方法具有分析非线性非平稳信号、自适应性等特点，但 HHT 信号不是时频分布，存在处理的信号维数有限、循环停止条件不好确定、运算量大等问题。

6.2.2 AGCD 快速算法降噪方法

由以上的分析可知，傅里叶变换采用无限长的复正弦函数作为基函数，因此仅适合分析那些频率不随时间变化的平稳信号；短时傅里叶变换则采用固定长度的窗函数对信号进行分段，不能同时获得高的时间分辨率和频率分辨率；小波分析虽然能够根据频率参数的变化来调整基函数的宽度，但它有十分严格的栅格形式，不能有效地分析信号的时变结构。

雷达信号通常结构、成分复杂，为了有效地表示信号，更希望能够根据信号的特点来自适应地选择基函数，这就是参数化自适应时频表示。参数化时频分析是为解决WVD（维格纳-维拉分布）等时频分析方法的交叉项问题而提出来的。该方法根据对信号组成结构的分析，构造出与信号组成结构最佳匹配的信号模型，因而能浓缩信号的信息，简化对信号的表示，并由此得到不含任何交叉项干扰的时频表示。

在S. Mallat和Z. Zhang提出的匹配追踪投影算法，S. Qian和D. Chen等人提出的自适应分解算法，S. Mann和S. Haykin、D. Mihovilovic和R. N. Bracewell提出的线调频小波（Chirplet）等的基础上，殷勤业等人提出了自适应旋转投影分解法，并在2002年提出了一种快速算法，其思想是将多维参数的搜索问题转变为最优化问题，并将多维优化搜索过程转变为构造和求解超越方程，从而直接得到了基元Chirplet各个参数的解析解，极大地降低了运算量，同时分解精度得到了保证，使自适应分解的实用化取得了实质性进展。

该算法被称为自适应高斯包络线调频小波分解（Adaptive Gaussian Chirplet Decomposition，AGCD），由于AGCD快速算法实质是将信号通过解析方法分解为一系列高斯包络线调频小波的线性和，因而对于多分量信号（尤其是线调频信号）的分离、检测与参数估计具有先天的优势。针对AGCD快速算法的稳定性问题，参考文献［152］和参考文献［164］详细分析了初值点选择对AGCD快速算法的影响，分别提出了优化初值选择AGCD（Optimized Initial - AGCD，OI - AGCD）快速算法和短时AGCD（Short Time-AGCD，ST-AGCD）快速算法，使AGCD快速算法的稳定性有了很大的提高。

上述算法虽然各方面性能都得到提高，但是没有考虑噪声条件下信号的分解终止条件问题。分解终止条件的设定一般采取两种方法：一种是事先选定分解次数 M，但是在信号未知的情况下，信号分量的个数显然是无法预知的；另一种是设定一个较小的阈值 η（一般表示为信号总能量的百分数，如 1%），当信号残量小于阈值 η 时就认为分解可以结束，但是在没有任何先验知识，尤其是信噪比未知的情况下，阈值 η 也是很难选择的。根据最大似然估计和广义似然比检测理论，本书将广义似然比信号检测方法应用于 AGCD 快速算法，该方法在零均值、复高斯白噪声条件下具有恒虚警率特性。此方法认为能量大于检测阈值的高斯包络线调频小波分量来自信号，而能量小于检测阈值的信号分量则来自噪声，从而解决了 AGCD 快速算法在噪声条件下的分解终止条件的阈值选择问题，是一种有效的信号检测和降噪方法。

6.2.3 AGCD 原理及其快速算法

6.2.3.1 高斯基函数及高斯包络线调频基函数及性能

高斯基及高斯包络线调频基是 AGCD 的基础，为了更好地理解 AGCD 原理及其快速算法，首先要了解高斯基函数和高斯包络线调频基函数及其性能。

1. 高斯基函数

一个具有单位能量的高斯基函数的时域表达式为

$$g(t)=\sqrt[4]{\frac{\alpha_k}{\pi}}\exp\left(-\frac{\alpha_k}{2}t^2\right) \tag{6-27}$$

式中，α_k 称为高斯基函数的方差，它控制着高斯基函数在时频平面上的尺度变化。

对高斯基函数 $g(t)$ 进行傅里叶变换，可得

$$G(f)=\left(\frac{4\pi}{\alpha_k}\right)^{\frac{1}{4}}\exp\left(-\frac{2\pi^2}{\alpha_k}f^2\right) \tag{6-28}$$

即高斯基函数的傅里叶变换也是高斯基函数。

高斯基函数具有非负特性及良好的时频聚集性，其时宽-带宽积达到了 Heisenberg 测不准原理的下限。参考文献［149］和参考文献［150］都把它作为基函数来实现信号的自适应分解。但是，由于高斯基函数不具备调频特性，基于高斯基的自适应信号分解实际上是用长短轴平行于时间轴和频率轴的椭圆窗对时频平面进行划分。因此，当用这样的方法去分析复杂信号（如具有调频性质的信号）时，势必会对信号造成不必要的截断和畸变，从而不能准确刻画信号的本质特性。

2. 高斯包络线调频基函数

为了有效表示和分析实际中大量的复杂非平稳信号，参考文献［151］和参考文献［152］提出采用高斯包络线调频基函数进行自适应信号分解。在式（6-27）所示的高斯基函数 $g(t)$ 中加入调频因子 β，就可以得到高斯包络线调频基函数：

$$g(t)=\sqrt[4]{\frac{\alpha_k}{\pi}}\exp\left(-\frac{\alpha_k}{2}t^2\right)\exp\left(\mathrm{j}\,\frac{\beta}{2}t^2\right) \tag{6-29}$$

高斯包络线调频基函数的时频聚集性比高斯基函数略有下降［其时宽-带宽积略大于 $1/(4\pi)$］，但是由于调频因子的加入，使它比高斯基函数具有更大的灵活性，能更好地接近非平稳信号，使分解的结果更准确。

6.2.3.2　AGCD 快速算法原理及其分布

AGCD 属于参数化时频分析方法，采用信号自适应分解的原理。对 $\boldsymbol{L}^2(R)$ 空间的任一信号 $\boldsymbol{s}(t)$，可以用张成 $\boldsymbol{L}^2(R)$ 空间的一个完备基集 $\{\boldsymbol{g}_i(t)\}$ 中的基函数线性表示，即

$$\boldsymbol{s}(t)=\sum_{i=1}^{\infty}\boldsymbol{A}_i\boldsymbol{g}_i(t) \tag{6-30}$$

式中，$\boldsymbol{A}_i$ 为 $\boldsymbol{s}_i(t)$ 和 $\boldsymbol{g}_i(t)$ 的内积，即 $\boldsymbol{A}_i=\langle\boldsymbol{s}_i(t),\boldsymbol{g}_i(t)\rangle$，它反映了信号 $\boldsymbol{s}(t)$

和基函数 $\boldsymbol{g}_i(t)$ 之间的相似程度，$\boldsymbol{s}_i(t)$ 为第 i 步分解后得到的信号残量。

AGCD 的目的就是要寻找最佳的基函数和最少的基函数个数，使式（6-30）成立或者在误差范围内成立。

设 $\boldsymbol{s}_0(t)=\boldsymbol{s}(t)$，$\boldsymbol{s}_i(t)$ 为第 i 步分解的结果，则有

$$\boldsymbol{s}(t)=\sum_{i=1}^{p}\langle \boldsymbol{s}_i(t),\boldsymbol{g}_i(t)\rangle \boldsymbol{g}_i(t)+\boldsymbol{s}_{p+1}(t) \tag{6-31}$$

式中，$\boldsymbol{s}_{p+1}(t)$ 为第 p 次分解后的信号残量。

不失一般性，令高斯基元能量为单位能量，即有 $\|\boldsymbol{g}_i(t)\|^2=1$。由于自适应分解中基函数集是完备但并非正交的，存在冗余，因此式（6-31）分解并不唯一，为了减少分解次数，每次分解时都力图寻找与待分解信号残量最匹配的基函数，即要求有

$$|\boldsymbol{A}_i|^2=\max_{g_i}|\langle \boldsymbol{s}_i(t),\boldsymbol{g}_i(t)\rangle|^2 \tag{6-32}$$

而此时信号残量能量最小，即

$$\min_{g_i}\|\boldsymbol{s}_{i+1}(t)\|^2=\min_{g_i}(\|\boldsymbol{s}_i(t)\|^2-|\boldsymbol{A}_i|^2) \tag{6-33}$$

从而使信号自适应分解的收敛速度达到最快。在分解中，各个基函数之间不一定正交，但由于每一步信号分解采用的是正交投影，分解中所得的投影序列能量可以简单相加。当最后信号残量的能量达到误差容限时，即可停止分解。

由以上的分析可知，AGCD 快速算法有许多优点：

①AGCD 采用具有时移、频移、尺度伸缩和频率变化的四参数高斯基来表示信号，可以通过参数调节来实现与信号的最佳匹配，摆脱了窗函数对时频分析性能的影响；

②AGCD 采用正交投影原理将信号分解成多个单分量线调频高斯基函数，信号的时频分布可通过各个线调频高斯基的时频分布简单叠加得到，通过 AGCD 快速算法得到的时频分布总是正的，时频聚集性很高，无交叉项的干扰；

③AGCD 是一种参数化时频分析方法，信号及其时频分布可以完全由分解所得的基函数的参数确定，为信号压缩、多分量信号分离、时频

域滤波和信号综合及瞬时频率估计等进一步的信号处理提供了很大的便利。

6.2.3.3　AGCD 快速算法

上述 AGCD 快速算法是一个多维优化问题，它在每一步搜索基函数时都是一个贪婪搜索过程，计算量很大，在实际中难以应用。但是，AGCD 快速算法则巧妙地将多维参数的搜索问题转变为多维曲线拟合问题，并将多维优化搜索过程转变为构造和求解超越方程，通过构造超越方程和参数空间采样点的选取，可以得到方程的闭式解，这种快速算法能得到各个自适应 Chirplet 函数的解析解，极大地降低了运算量，使自适应分解的实用化取得了实质性进展，参考文献［157］和参考文献［158］对 AGCD 快速算法具体步骤进行了推导。

6.2.4　基于 AGCD 快速算法的广义似然比信号检测降噪原理

通过前面分析可知，AGCD 快速算法可以将信号 $\boldsymbol{x}(t)$ 自适应地分解到一组高斯包络 Chirplet 基函数集上，从而得到没有交叉项干扰且具有较好时频分辨率的时频分布，并较其他算法需要较少的计算量，因而获得了广泛的关注。然而，上述算法均没有讨论 AGCD 快速算法在噪声条件下的信号检测性能。在这里，我们在 AGCD 快速算法原理的基础上，根据最大似然估计和广义似然比检测原理，在零均值、复高斯白噪声条件下，运用基于 AGCD 快速算法的广义似然比信号检测方法。为了分析的方便，考虑一种单分量高斯包络 Chirplet 信号的检测。

被测信号 $\boldsymbol{x}(n)$ 中只含有一个高斯包络 Chirplet 基函数，其二元假设检验模型可表述为

$$
\begin{aligned}
&H_0:\boldsymbol{x}(n)=\boldsymbol{w}(n),n=1,2,3,\cdots,N\\
&H_1:\boldsymbol{x}(n)=\boldsymbol{A}\boldsymbol{g}(n,\boldsymbol{\alpha},\boldsymbol{t},\boldsymbol{\omega},\boldsymbol{\beta})+\boldsymbol{w}(n),n=1,2,3,\cdots,N
\end{aligned}
\tag{6-34}
$$

式中，$\boldsymbol{w}(n)$是方差为 σ^2 的零均值、复高斯白噪声；信号 $\boldsymbol{A}\boldsymbol{g}(n,\boldsymbol{\alpha},\boldsymbol{t},\boldsymbol{\omega},\boldsymbol{\beta})$

是一个高斯包络 Chirplet 基函数，但信号幅度 $\boldsymbol{A}$ 和参数$(\boldsymbol{\alpha},\boldsymbol{t},\boldsymbol{\omega},\boldsymbol{\beta})$均未知。

两个假设条件下的 N 维联合概率密度函数分别为

$$p(\boldsymbol{x} \mid H_0)=\left(\frac{1}{\pi\sigma^2}\right)^N \exp\left(-\frac{1}{\sigma^2}|\boldsymbol{x}|^2\right) \tag{6-35}$$

$$p(\boldsymbol{x}|\boldsymbol{A},\boldsymbol{\alpha},\boldsymbol{t},\boldsymbol{\omega},\boldsymbol{\beta};H_1)=\left(\frac{1}{\pi\sigma^2}\right)^N \exp\left(-\frac{1}{\sigma^2}|\boldsymbol{x}-\boldsymbol{A}\boldsymbol{g}(\boldsymbol{\alpha},\boldsymbol{t},\boldsymbol{\omega},\boldsymbol{\beta})|^2\right) \tag{6-36}$$

上式中的信号矢量 $\boldsymbol{x}$ 和 $\boldsymbol{g}$ 分别为

$$\boldsymbol{x}=(x(1),x(2),\cdots,x(N))^{\mathrm{T}} \tag{6-37}$$

$$\boldsymbol{g}=(g(1),g(2),\cdots,g(N))^{\mathrm{T}} \tag{6-38}$$

从式（6-36）可以看出，在假设 H_1 条件下，观测矢量 $\boldsymbol{x}$ 的概率密度函数 $p(\boldsymbol{x} \mid \boldsymbol{A},\boldsymbol{\alpha},\boldsymbol{t},\boldsymbol{\omega},\boldsymbol{\beta};H_1)$与未知参量$(\boldsymbol{A},\boldsymbol{\alpha},\boldsymbol{t},\boldsymbol{\omega},\boldsymbol{\beta})$有关。在这种情况下，可采用广义似然比检验来实现信号 $\boldsymbol{A}\boldsymbol{g}(n,\boldsymbol{\alpha},\boldsymbol{t},\boldsymbol{\omega},\boldsymbol{\beta})$的检测，即

$$\boldsymbol{\lambda}(\boldsymbol{x})=\frac{p(\boldsymbol{x} \mid \hat{\boldsymbol{A}},\hat{\boldsymbol{\alpha}},\hat{\boldsymbol{t}},\hat{\boldsymbol{\omega}},\hat{\boldsymbol{\beta}};H_1)}{p(\boldsymbol{x}|H_0)} \mathop{\gtrless}_{H_0}^{H_1} \eta \tag{6-39}$$

上式中的$(\hat{\boldsymbol{A}},\hat{\boldsymbol{\alpha}},\hat{\boldsymbol{t}},\hat{\boldsymbol{\omega}},\hat{\boldsymbol{\beta}})$分别为未知参数$(\boldsymbol{A},\boldsymbol{\alpha},\boldsymbol{t},\boldsymbol{\omega},\boldsymbol{\beta})$的最大似然估计。根据最大似然估计原理，未知参数$(\boldsymbol{A},\boldsymbol{\alpha},\boldsymbol{t},\boldsymbol{\omega},\boldsymbol{\beta})$的最大似然估计可通过式（6-40)求出，即

$$(\hat{\boldsymbol{A}},\hat{\boldsymbol{\alpha}},\hat{\boldsymbol{t}},\hat{\boldsymbol{\omega}},\hat{\boldsymbol{\beta}})=\underset{(\boldsymbol{A},\boldsymbol{\alpha},\boldsymbol{t},\boldsymbol{\omega},\boldsymbol{\beta})}{\arg\max}\, p(\boldsymbol{x}|\boldsymbol{A},\boldsymbol{\alpha},\boldsymbol{t},\boldsymbol{\omega},\boldsymbol{\beta};H_1) \tag{6-40}$$

将 H_1 条件下的似然函数式（6-36）代入上式，可得

$$(\hat{\boldsymbol{A}},\hat{\boldsymbol{\alpha}},\hat{\boldsymbol{t}},\hat{\boldsymbol{\omega}},\hat{\boldsymbol{\beta}})=\underset{(\boldsymbol{A},\boldsymbol{\alpha},\boldsymbol{t},\boldsymbol{\omega},\boldsymbol{\beta})}{\arg\max}\left[\left(\frac{1}{\pi\sigma^2}\right)^N \exp\left(-\frac{1}{\sigma^2}|\boldsymbol{x}-\boldsymbol{A}\boldsymbol{g}(\boldsymbol{\alpha},\boldsymbol{t},\boldsymbol{\omega},\boldsymbol{\beta})|^2\right)\right] \tag{6-41}$$

由式（6-41）可以看出，最大化似然函数 $p(\boldsymbol{x} \mid \boldsymbol{A},\boldsymbol{\alpha},\boldsymbol{t},\boldsymbol{\omega},\boldsymbol{\beta};H_1)$等价于最小化$|\boldsymbol{x}-\boldsymbol{A}\boldsymbol{g}|^2$。于是，参数$(\boldsymbol{\alpha},\boldsymbol{t},\boldsymbol{\omega},\boldsymbol{\beta})$和 $\boldsymbol{A}$ 的最大似然估计可以通过下面的式子得到，即

$$(\hat{\boldsymbol{\alpha}},\hat{\boldsymbol{t}},\hat{\boldsymbol{\omega}},\hat{\boldsymbol{\beta}})=\underset{(\boldsymbol{\alpha},\boldsymbol{t},\boldsymbol{\omega},\boldsymbol{\beta})}{\arg\max}\,|\langle \boldsymbol{x},\boldsymbol{g}(\boldsymbol{\alpha},\boldsymbol{t},\boldsymbol{\omega},\boldsymbol{\beta})\rangle|^2 \tag{6-42}$$

$$\hat{\boldsymbol{g}}=\boldsymbol{g}(\hat{\boldsymbol{\alpha}},\hat{\boldsymbol{t}},\hat{\boldsymbol{\omega}},\hat{\boldsymbol{\beta}}) \tag{6-43}$$

$$\hat{\boldsymbol{A}}=\arg\max_{A}\left[\left(\frac{1}{\pi\sigma^2}\right)^N \exp\left(-\frac{1}{\sigma^2}|\boldsymbol{x}-\boldsymbol{A}\hat{\boldsymbol{g}}|^2\right)\right] \tag{6-44}$$

显然，式（6-44）可以通过下面的方法得到，即

$$\frac{\partial \ln p(\boldsymbol{x}\mid \boldsymbol{A},\hat{\boldsymbol{\alpha}},\hat{\boldsymbol{t}},\hat{\boldsymbol{\omega}},\hat{\boldsymbol{\beta}};H_1)}{\partial \boldsymbol{A}}\Big|_{A=\hat{A}}=0 \tag{6-45}$$

式中，$\ln p(\boldsymbol{x}\mid \boldsymbol{A},\hat{\boldsymbol{\alpha}},\hat{\boldsymbol{t}},\hat{\boldsymbol{\omega}},\hat{\boldsymbol{\beta}};H_1)$为$p(\boldsymbol{x}\mid \boldsymbol{A},\hat{\boldsymbol{\alpha}},\hat{\boldsymbol{t}},\hat{\boldsymbol{\omega}},\hat{\boldsymbol{\beta}};H_1)$对数似然函数，它可以由下面的式子表述：

$$\ln p(\boldsymbol{x}|\boldsymbol{A},\hat{\boldsymbol{\alpha}},\hat{\boldsymbol{t}},\hat{\boldsymbol{\omega}},\hat{\boldsymbol{\beta}};H_1)=-N\ln(\pi\sigma^2)-\frac{1}{\sigma^2}|\boldsymbol{x}-\boldsymbol{A}\hat{\boldsymbol{g}}|^2 \tag{6-46}$$

将式（6-46）代入式（6-44），可得到参数 A 的最大似然估计：

$$\hat{\boldsymbol{A}}=\langle \boldsymbol{x},\hat{\boldsymbol{g}}\rangle \tag{6-47}$$

观察式（6-42）和式（6-47）可知，上述的最大似然估计过程与 AGCD 快速算法的求解方法完全吻合。因此下面的推导中，假定参数$(\boldsymbol{A},\boldsymbol{\alpha},\boldsymbol{t},\boldsymbol{\omega},\boldsymbol{\beta})$的最大似然估计$(\hat{\boldsymbol{A}},\hat{\boldsymbol{\alpha}},\hat{\boldsymbol{t}},\hat{\boldsymbol{\omega}},\hat{\boldsymbol{\beta}})$已通过 AGCD 快速算法得到，在 H_1条件下的概率密度函数可以表示为

$$p(\boldsymbol{x}\mid \hat{\boldsymbol{A}},\hat{\boldsymbol{\alpha}},\hat{\boldsymbol{t}},\hat{\boldsymbol{\omega}},\hat{\boldsymbol{\beta}};H_1)=\left(\frac{1}{\pi\sigma^2}\right)^N\exp\left(-\frac{1}{\sigma^2}|\boldsymbol{x}-\hat{\boldsymbol{A}}\hat{\boldsymbol{g}}|^2\right) \tag{6-48}$$

将式（6-35）和式（6-48）代入式（6-39），并在两边取自然对数，得

$$\begin{aligned}
-\frac{1}{\sigma^2}|\boldsymbol{x}-\hat{\boldsymbol{A}}\hat{\boldsymbol{g}}|^2+\frac{1}{\sigma^2}|\boldsymbol{x}|^2 &=-\frac{1}{\sigma^2}(\boldsymbol{x}-\hat{\boldsymbol{A}}\hat{\boldsymbol{g}})^{\mathrm{H}}(\boldsymbol{x}-\hat{\boldsymbol{A}}\hat{\boldsymbol{g}})+\frac{1}{\sigma^2}\boldsymbol{x}^{\mathrm{H}}\boldsymbol{x}\\
&=-\frac{1}{\sigma^2}[\boldsymbol{x}^{\mathrm{H}}\boldsymbol{x}-\boldsymbol{x}^{\mathrm{H}}(\hat{\boldsymbol{A}}\hat{\boldsymbol{g}})-(\hat{\boldsymbol{A}}\hat{\boldsymbol{g}})^{\mathrm{H}}\boldsymbol{x}+(\hat{\boldsymbol{A}}\hat{\boldsymbol{g}})^{\mathrm{H}}(\hat{\boldsymbol{A}}\hat{\boldsymbol{g}})-\boldsymbol{x}^{\mathrm{H}}\boldsymbol{x}]\\
&=\frac{2}{\sigma^2}\sum_{n=1}^{N}\boldsymbol{x}(n)\hat{\boldsymbol{A}}^*\hat{\boldsymbol{g}}^*(n)-\frac{1}{\sigma^2}(\hat{\boldsymbol{A}}\hat{\boldsymbol{g}})^{\mathrm{H}}(\hat{\boldsymbol{A}}\hat{\boldsymbol{g}})\underset{H_0}{\overset{H_1}{\gtrless}}\ln\eta
\end{aligned} \tag{6-49}$$

由于$\boldsymbol{A}=\sum_{n=1}^{N}\boldsymbol{x}(n)\hat{\boldsymbol{g}}^*(n)$，因此式（6-49）可以写作

$$\frac{2}{\sigma^2}\left|\sum_{n=1}^{N}\boldsymbol{x}(n)\hat{\boldsymbol{g}}^*(n)\right|^2-\frac{1}{\sigma^2}(\hat{\boldsymbol{A}}\hat{\boldsymbol{g}})^{\mathrm{H}}(\hat{\boldsymbol{A}}\hat{\boldsymbol{g}})\underset{H_0}{\overset{H_1}{\gtrless}}\ln\eta \tag{6-50}$$

整理可得判决表达式为

$$\boldsymbol{l}(\boldsymbol{x})\overset{\text{def}}{=}\left|\sum_{n=1}^{N}\boldsymbol{x}(n)\hat{\boldsymbol{g}}^*(n)\right|^2\underset{H_0}{\overset{H_1}{\gtrless}}\frac{\sigma^2}{2}\ln\eta+\frac{1}{2}(\hat{\boldsymbol{A}}\hat{\boldsymbol{g}})^{\mathrm{H}}(\hat{\boldsymbol{A}}\hat{\boldsymbol{g}})\overset{\text{def}}{=}\gamma \tag{6-51}$$

即

$$\boldsymbol{l}(\boldsymbol{x})=\left|\sum_{n=1}^{N}\boldsymbol{x}(n)\hat{\boldsymbol{g}}^*(n)\right|^2\underset{H_0}{\overset{H_1}{\gtrless}}\gamma \tag{6-52}$$

下面讨论式（6-52）的检测性能，令

$$\tilde{\boldsymbol{l}}(\boldsymbol{x})=\sum_{n=1}^{N}\boldsymbol{x}(n)\hat{\boldsymbol{g}}^*(n) \tag{6-53}$$

它在 H_0 条件下的均值 $E(\tilde{\boldsymbol{l}}\mid H_0)$ 和方差 $\mathrm{var}(\tilde{\boldsymbol{l}}\mid H_0)$ 分别为

$$E(\tilde{\boldsymbol{l}}\mid H_0)=E\left[\sum_{n=1}^{N}(\boldsymbol{x}(n)\mid H_0)\boldsymbol{g}^*(n)\right]=E\left[\sum_{n=1}^{N}\boldsymbol{w}(n)\boldsymbol{g}^*(n)\right]=0 \tag{6-54}$$

$$\begin{aligned}\mathrm{var}(\tilde{\boldsymbol{l}}\mid H_0)&=E\left\{\left[\sum_{n=1}^{N}(\boldsymbol{x}(n)\mid H_0)\hat{\boldsymbol{g}}^*(n)-E(\tilde{\boldsymbol{l}}\mid H_0)\right]\times\right.\\&\qquad\left.\left[\sum_{n=1}^{N}(\boldsymbol{x}(n)\mid H_0)\hat{\boldsymbol{g}}^*(n)-E(\tilde{\boldsymbol{l}}\mid H_0)\right]^*\right\}\\&=E\left\{\left[\sum_{n=1}^{N}\boldsymbol{w}(n)\hat{\boldsymbol{g}}^*(n)\right]\left[\sum_{n=1}^{N}\boldsymbol{w}(n)\hat{\boldsymbol{g}}^*(n)\right]^*\right\}\\&=\sum_{n=1}^{N}E[\boldsymbol{w}(n)\boldsymbol{w}^*(n)]\hat{\boldsymbol{g}}^*(n)\hat{\boldsymbol{g}}(n)\\&=\sigma^2\sum_{n=1}^{N}|\hat{\boldsymbol{g}}(n)|^2=\sigma^2\end{aligned} \tag{6-55}$$

由以上的分析可知，$\tilde{\boldsymbol{l}}(\boldsymbol{x}\mid H_0)$ 服从均值为 0、方差为 σ^2 的高斯分布，$\tilde{\boldsymbol{l}}(\boldsymbol{x}\mid H_0)$ 的实部 $\mathrm{Re}[\tilde{\boldsymbol{l}}(\boldsymbol{x}\mid H_0)]$ 和虚部 $\mathrm{Im}[\tilde{\boldsymbol{l}}(\boldsymbol{x}\mid H_0)]$ 均为均值为 0、方差为 $\sigma^2/2$ 的独立同分布高斯变量。由于

$$\begin{aligned}\boldsymbol{l}(\boldsymbol{x}\mid H_0)&=|\tilde{\boldsymbol{l}}(\boldsymbol{x}\mid H_0)|^2=|\mathrm{Re}[\tilde{\boldsymbol{l}}(\boldsymbol{x}\mid H_0)]+\mathrm{i}\,\mathrm{Im}[\tilde{\boldsymbol{l}}(\boldsymbol{x}\mid H_0)]|^2\\&=|\mathrm{Re}[\tilde{\boldsymbol{l}}(\boldsymbol{x}\mid H_0)]|^2+|\mathrm{Im}[\tilde{\boldsymbol{l}}(\boldsymbol{x}\mid H_0)]|^2\end{aligned} \tag{6-56}$$

因此，在 H_0 条件下 $\boldsymbol{l}(\boldsymbol{x} \mid H_0)$ 服从具有两个自由度的中心化 $\boldsymbol{\chi}^2$ 分布。令 $\boldsymbol{l}'(\boldsymbol{x} \mid H_0)=\boldsymbol{l}(\boldsymbol{x} \mid H_0)/(\sigma^2/2)$，则可得检测统计量 $\boldsymbol{l}(\boldsymbol{x} \mid H_0)$ 归一化后的概率密度函数为

$$p[\boldsymbol{l}'(\boldsymbol{x}) \mid H_0]=\begin{cases}\dfrac{1}{2}\exp\{-[\boldsymbol{l}'(\boldsymbol{x}) \mid H_0]/2\} & [\boldsymbol{l}'(\boldsymbol{x}) \mid H_0]>0 \\ 0 & [\boldsymbol{l}'(\boldsymbol{x}) \mid H_0]<0\end{cases} \tag{6-57}$$

因此，虚警率 P_{FA} 可以表述为

$$\begin{aligned}P_{\mathrm{FA}} &= \Pr\{[\boldsymbol{l}'(\boldsymbol{x}) \mid H_0]>2\gamma/\sigma^2\} = 1-\Pr\{[\boldsymbol{l}'(\boldsymbol{x}) \mid H_0]<2\gamma/\sigma^2\} \\ &= 1-\int_0^{2\gamma/\sigma^2} \frac{1}{2}\exp[-(\boldsymbol{l}'(\boldsymbol{x}) \mid H_0)/2]\,\mathrm{d}[\boldsymbol{l}'(\boldsymbol{x}) \mid H_0] \\ &= 1-[1-\exp(-\gamma/\sigma^2)] \\ &= \exp(-\gamma/\sigma^2)\end{aligned} \tag{6-58}$$

这样，根据虚警率 P_{FA} 的要求，就可以得到检测门限 γ 的值，即

$$\gamma=-\sigma^2\ln P_{\mathrm{FA}} \tag{6-59}$$

然后就可以实现信号 $\hat{\boldsymbol{A}}\hat{\boldsymbol{g}}$ 的检测。

同理，可得到 H_1 条件下的均值 $E(\tilde{\boldsymbol{l}} \mid H_1)$ 和方差 $\operatorname{var}(\tilde{\boldsymbol{l}} \mid H_1)$，即

$$\begin{aligned}E(\tilde{\boldsymbol{l}} \mid H_1) &= E\Big[\sum_{n=1}^{N}(\boldsymbol{x}(n) \mid H_1)\hat{\boldsymbol{g}}^*(n)\Big] \\ &= E\Big[\sum_{n=1}^{N}(\boldsymbol{w}(n)+\hat{\boldsymbol{A}}\hat{\boldsymbol{g}}(n))\hat{\boldsymbol{g}}^*(n)\Big]=\hat{\boldsymbol{A}}\end{aligned} \tag{6-60}$$

$$\begin{aligned}\operatorname{var}(\tilde{\boldsymbol{l}} \mid H_1) &= E\Big\{\Big[\sum_{n=1}^{N}(\boldsymbol{x}(n) \mid H_1)\hat{\boldsymbol{g}}^*(n) - E(\tilde{\boldsymbol{l}} \mid H_1)\Big] \times \\ &\quad \Big[\sum_{n=1}^{N}(\boldsymbol{x}(n) \mid H_1)\hat{\boldsymbol{g}}^*(n) - E(\tilde{\boldsymbol{l}} \mid H_1)\Big]^*\Big\} \\ &= E\Big\{\Big[\sum_{n=1}^{N}(\boldsymbol{w}(n)+\hat{\boldsymbol{A}}\hat{\boldsymbol{g}}(n))\hat{\boldsymbol{g}}^*(n) - \boldsymbol{A}\Big] \times \\ &\quad \Big[\sum_{n=1}^{N}(\boldsymbol{w}(n)+\hat{\boldsymbol{A}}\hat{\boldsymbol{g}}(n))\hat{\boldsymbol{g}}^*(n) - \boldsymbol{A}\Big]^*\Big\} \\ &= E\Big\{\Big[\sum_{n=1}^{N}\boldsymbol{w}(n)\hat{\boldsymbol{g}}^*(n)\Big]\Big[\sum_{n=1}^{N}\boldsymbol{w}(n)\hat{\boldsymbol{g}}^*(n)\Big]^*\Big\}\end{aligned}$$

$$
\begin{aligned}
&= \sum_{n=1}^{N} E[\boldsymbol{w}(n)\boldsymbol{w}^*(n)]\hat{\boldsymbol{g}}^*(n)\hat{\boldsymbol{g}}(n) \\
&= \sigma^2 \sum_{n=1}^{N} |\hat{\boldsymbol{g}}(n)|^2 \\
&= \sigma^2
\end{aligned} \tag{6-61}
$$

因此，在 H_1 条件下 $\tilde{\boldsymbol{l}}(\boldsymbol{x})$ 服从均值为 $\hat{\boldsymbol{A}}$、方差为 σ^2 的高斯分布，于是复高斯随机变量 $\tilde{\boldsymbol{l}}(\boldsymbol{x}|H_1)$ 的实部服从均值为 $\mathrm{Re}(\hat{\boldsymbol{A}})$、方差为 $\sigma^2/2$ 的高斯分布，而 $\tilde{\boldsymbol{l}}(\boldsymbol{x}|H_1)$ 的虚部则服从均值为 $\mathrm{Im}(\hat{\boldsymbol{A}})$、方差为 $\sigma^2/2$ 的高斯分布。由于 $\tilde{\boldsymbol{l}}(\boldsymbol{x}|H_1)$ 的实部和虚部的均值不为 0，并且

$$
\begin{aligned}
\boldsymbol{l}(\boldsymbol{x}|H_1) &= |\tilde{\boldsymbol{l}}(\boldsymbol{x}|H_1)|^2 = |\mathrm{Re}[\tilde{\boldsymbol{l}}(\boldsymbol{x}|H_1)] + \mathrm{i}\,\mathrm{Im}[\tilde{\boldsymbol{l}}(\boldsymbol{x}|H_1)]|^2 \\
&= |\mathrm{Re}[\tilde{\boldsymbol{l}}(\boldsymbol{x}|H_1)]|^2 + |\mathrm{Im}[\tilde{\boldsymbol{l}}(\boldsymbol{x}|H_1)]|^2
\end{aligned} \tag{6-62}
$$

所以 $\boldsymbol{l}(\boldsymbol{x}|H_1)$ 服从具有两个自由度的非中心化 $\boldsymbol{\chi}^2$ 分布。令 $\boldsymbol{l}'(\boldsymbol{x}|H_1) = \boldsymbol{l}(\boldsymbol{x}|H_1)/(\sigma^2/2)$，则可得归一化的检测统计量 $\boldsymbol{l}'(\boldsymbol{x}|H_1)$ 的概率密度函数为

$$
p[\boldsymbol{l}'(\boldsymbol{x})|H_1]
= \begin{cases}
\dfrac{1}{2}\exp\left\{\dfrac{-\{\lambda+[\boldsymbol{l}'(\boldsymbol{x})|H_1]\}}{2} I_0\left(\sqrt{\lambda[\boldsymbol{l}'(\boldsymbol{x})|H_1]}\right)\right\} & [\boldsymbol{l}'(\boldsymbol{x})|H_1]>0 \\
0 & [\boldsymbol{l}'(\boldsymbol{x})|H_1]<0
\end{cases} \tag{6-63}
$$

式中，I_0（·）为零阶 Bessel 函数；λ 为非中心参量，由下式表示为

$$
\begin{aligned}
\lambda &= [E^2\{\mathrm{Re}[\tilde{\boldsymbol{l}}(\boldsymbol{x}|H_1)]\}/(\sigma^2/2)] + [E^2\{\mathrm{Im}[\tilde{\boldsymbol{l}}(\boldsymbol{x}|H_1)]\}/(\sigma^2/2)] \\
&= [\mathrm{Re}(\hat{\boldsymbol{A}})]^2/(\sigma^2/2) + [\mathrm{Im}(\hat{\boldsymbol{A}})]^2/(\sigma^2/2) \\
&= 2|\hat{\boldsymbol{A}}|^2/\sigma^2
\end{aligned} \tag{6-64}
$$

从上式可以看出，非中心参量 λ 为信号能量噪声比的 2 倍。于是，故障检测率为

$$
\begin{aligned}
P_{\mathrm{D}} &= \Pr\{[\boldsymbol{l}'(\boldsymbol{x})|H_1] > 2\gamma/\sigma^2\} = 1 - \Pr\{[\boldsymbol{l}'(\boldsymbol{x})|H_1] < 2\gamma/\sigma^2\} \\
&= 1 - \int_0^{2\gamma/\sigma^2} \frac{1}{2}\exp\left\{\frac{-\{\lambda+[\boldsymbol{l}'(\boldsymbol{x})|H_1]\}}{2} I_0\left(\sqrt{\lambda[\boldsymbol{l}'(\boldsymbol{x})|H_1]}\right)\right\} \mathrm{d}[\boldsymbol{l}'(\boldsymbol{x})|H_1] \\
&= Q_1(\sqrt{\lambda}, \sqrt{2\gamma}/\sigma)
\end{aligned} \tag{6-65}
$$

式中，$Q_1(\cdot,\cdot)$为 Marcum 函数，是非中心χ^2分布的右截尾概率。

由以上的分析可知，当虚警率P_{FA}一定时，检测门限γ也随之确定。在这种情况下，故障检测率P_D仅与信号的非中心参量λ有关，即信号的能量噪声比$|\hat{A}|^2/\sigma^2$越大，故障检测率P_D越高。

需要指出的是，上面的推导中隐含着噪声方差σ^2已知的条件，但是在许多情况下方差是未知的，这时σ^2也可以通过最大似然方法来估计，经过推算后可得

$$\hat{\sigma}^2=\frac{|(\boldsymbol{x}\,|\,H_0)|^2}{N} \tag{6-66}$$

现实中观测信号$\boldsymbol{x}(n)$中能存在多个信号分量，其分析方法与单分量高斯包络 Chirplet 信号的检测方法类似，结论也相同，这里不再重复。

这样得到基于 AGCD 快速算法的恒虚警率广义似然比检测流程，如图 6-4 所示。

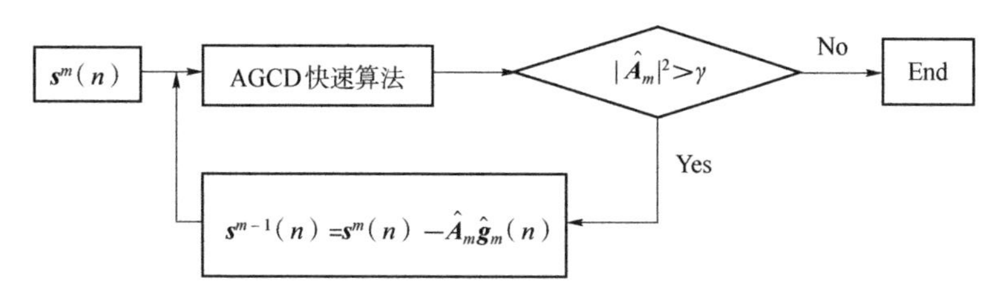

图 6-4　基于 AGCD 快速算法的恒虚警率广义似然比检测流程

6.2.5　仿真结果及分析

为了验证本书所提检测算法的降噪及恒虚警率性能，考虑由 4 个高斯包络 Chirplet 基函数合成的信号$\boldsymbol{s}(t)$，采样频率为 1 MHz，根据信噪比定义 $\mathrm{SNR}=10\lg[|\boldsymbol{A}^2|/(N\sigma^2)]$，在信号$\boldsymbol{s}(t)$中加入均值为零的复高斯白噪声，每一个信号分量的信噪比为 2.9 dB（当信噪比定义为 $\mathrm{SNR}=10\lg[(2\alpha)^{1/2}|\boldsymbol{A}|^2/\sigma^2]$时，信噪比为 6.5 dB）。基于 AGCD 快速算法的恒虚警率广义似然比检测结果如图 6-5 所示。

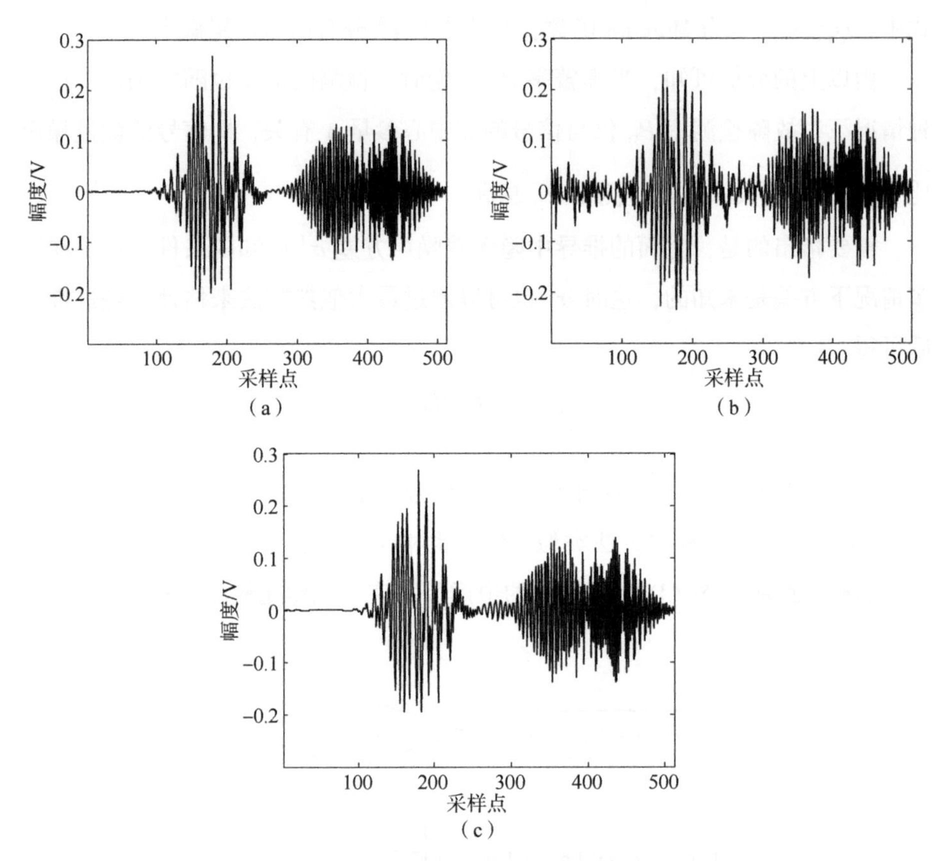

图 6-5 基于 AGCD 快速算法的恒虚警率广义似然比检测结果

(a) 纯净信号；(b) 含噪信号；(c) $P_{FA}=10^{-5}$时分解后降噪信号

从上图中可以看出，采用本书给出的信号检测方法设定信号分解的终止条件，能够很好地从噪声干扰中提取有用信号，具有很好的恒虚警率性能及降噪性能。

6.3 本章小结

本章主要介绍雷达 BIT 系统虚警抑制技术。雷达 BIT 系统中数据采集层传感器输出数据质量的好坏关系到整个 BIT 系统性能的好坏，本章将传感器数据证实与传感器检测融合技术相结合，介绍了基于传感器数据证实与检测融合的虚警抑制技术，建立了基于传感器数据证实与检测融合 BIT 系统模型，进行了传感器数据证实模型降低数据不确定性及减小虚警率的理论分析，给出了传感器检测融合系统的数学描述及最优性能求解方法，并用实例证明了该方法的有效性。针对 BIT 系统中的噪声干扰引起虚警问题，在分析了几种现代降噪方法的基础上，根据最大似然估计和广义似然比检测理论，介绍了一种基于 AGCD 快速算法的广义似然比检测算法。该算法在零均值、复高斯白噪声条件下具有恒虚警率特性，解决了 AGCD 快速算法在噪声条件下的分解终止条件问题，可以用来对信号进行检测和降噪。仿真结果及分析说明了该方法的有效性。

参考文献

[1] 邱静，刘冠军，吕克洪，等. 机电系统机内测试降虚警技术［M］. 北京：科学出版社，2009.

[2] 温熙森，徐永成，易晓山，等. 智能机内测试理论与应用［M］. 北京：国防工业出版社，2002.

[3] 田仲，石君友. 系统测试性分析与验证［M］. 北京：北京航空航天大学出版社，2003.

[4] GAO R X，SURYAVANSHI A. Diagnosis from within the system［J］. IEEE Instrumentation & Measurement Magazine，2002，5（3）：43-47.

[5] 刘震. 智能 BIT 诊断方法研究及其在多电飞机电源系统中的应用［D］. 西安：西北工业大学，2006.

[6] ALFORD L D. The problem with aviation COTS［J］. IEEE Aerospace and Electronic Systems Magazine，2001，16（2）：33-37.

[7] CARTNER D L，DIBBERT S E. Application of integrated diagnostic process to non-avionics systems［C］//2001 IEEE Autotestcon Proceedings，IEEE Systems Readiness Technology Conference，2001：229-238.

[8] BAINKT，ORWIG D G. F/A-18E/F built-in-test（BIT）maturation process［C］//National Defense Industrial Associated 3rd Annual Systems

Engineering & Supportability Conference, 2000.

[9] MAZUR D. The X-47A Pegasus, from design to flight [C] // 1st AIAA Unmanned Aerospace Vehicles, Systems, Technologies, and Operations Conference Workshop, 2002: 1-7.

[10] 杨学贤. 雷达系统在线检测技术研究与实现 [D]. 北京: 北京理工大学, 1999.

[11] 曾天翔. 电子设备测试性及诊断技术 [M]. 北京: 航空工业出版社, 1996.

[12] LORD D H. Design & evaluation methodology for built-in-test [J]. IEEE Transactions on Reliability, 1981, 30 (3): 222-226.

[13] PALAZZO C, ROSENFELD M. Avionics built-in-test effectiveness and life cycle cost [C] //Aircraft Design, Systems and Technology Meeting, 1983: 2448.

[14] 倪嘉骊. 有源相控阵雷达 BITE 的设计与分析 [J]. 火控雷达技术, 1996, 25 (4): 12-20.

[15] 肖鉴. 某雷达激励器故检系统的改进设计 [J]. 火控雷达技术, 1997, 26 (4): 56-58.

[16] Testability handbook for systems and equipment: MIL-STD-2165 [S]. 1985.

[17] Testability program for electronic system and equipment: MIL-STD-2165A [S]. 1993.

[18] MERLION D H, HADJILOGIOU J. Built-in-test strategies for military systems [C] //Proceedings of Realiability and Maintainability Symposium, 1989: 59-65.

[19] ROGIN H. Using built-in-test to reduce TPS run times and improve TPS reliability [C] //1999 IEEE AUTOTESTCON Proceedings, 1999: 345-351.

[20] ANDERSON J M, LASKEY J M. The enemy is FA, CND, and RTOK [C] //Proceedings of NAEC, 1988: 185-189.

[21] ROSENTAL D, WADELL B C. Predicting and eliminating built-in-test false alarm [J]. IEEE Transactions on Reliability, 1990, 39 (4): 500-505.

[22] SIMPSON W R, SHEPPARD J W. Analysis of false alarms during system design [C] //Proceedings of the IEEE 1992 National Aerospace and Electronics Conference, 1992: 657-660.

[23] KYURA N, OHO H. Mechatronics—an industrial perspective [J]. IEEE/ASME Transaction on Mechatronics, 1996, 1 (1): 10-15.

[24] Military standard testability program for system and equipment: MIL-HDBK-2165 [S]. 1995.

[25] IEEE STD 1149. 1-1990. Standard test access port and boundary-scan architecture [S]. Piscataway: IEEE Standards Press, 2001.

[26] IEEE STD 1149. 1-1995. IEEE standard for module test and maintenance bus (MTM-Bus) protocol [S]. Piscataway: IEEE Standards Press, 1995.

[27] IEEE STD 1149. 4-1999. IEEE standard for a mixed-signal test bus [S]. Piscataway: IEEE Standards Press, 1999.

[28] IEEE STD 1149. 1-2001. Standard test access port and boundary-scan architecture [S]. Piscataway: IEEE Standards Press, 2001.

[29] IEEE STD 1149. 6-2003. IEEE standard for boundary-scan testing of advance digital networks [S]. Piscataway: IEEE Standards Press, 2008.

[30] IEEE P1522. Proposal for metrics related to false alarms [S]. Piscataway: IEEE Standards Press, 1999.

[31] CHAKRABARTY K. SOC (system-on-a-chip) testing for plug and play test automation [M]. Boston: Kluwer Academic Publishers, 2002.

[32] IEEE P1500. IEEE standard testability method for embedded core-based integrated circuits [S]. Piscataway: IEEE Standards Press, 2005.

[33] 同江，蔡远文，伯伟，等. BIT 技术的发展现状与应用分析 [J]. 兵

工自动化，2008，27（4）：5-7.

[34] 朱万年. 智能化机内测试验证系统的设计与实现 [J]. 航空电子技术，1998（4）：35-42.

[35] 朱万年. 航空电子综合系统自检测、重构与故障监控技术综述 [J]. 航空电子技术，1997（4）：42-47.

[36] 倪嘉骊. 机内测试系统模块化的分析与设计 [J]. 现代雷达，1996，18（6）：73-78.

[37] RICHARDS D W. Smart BIT：A plan for intelligent built - in - test [C] //IEEE AUTOTESTCON，1990：1230-1233.

[38] 李璇君. 航空发动机数字控制器与航空电子综合系统 BIT 技术研究 [D]. 南京：南京航空航天大学，2001.

[39] WHITE J E. Advance avionics architecture-support challenges for the 21 century [C] // IEEE AUTOTESTCON，1991：79-90.

[40] ENGLE J，OWENC，COLMENAREZ L. Implementation of expert system/AI technology for reducing ground test in present and future launch systems [C] // 29th Aerospace Sciences Meeting，1991：655.

[41] 国防科学技术工业委员会. 装备测试性大纲：GJB 2547—1995. 1995.

[42] 国防科学技术工业委员会. 测试与诊断术语：GJB 3385—1998. 1998.

[43] 杨军，冯振声，黄考利. 装备智能故障诊断技术 [M]. 北京：国防工业出版社，2004.

[44] 朱大奇. 电子设备故障诊断原理与实践 [M]. 北京：电子工业出版社，2004.

[45] 王仲生. 智能故障诊断与容错控制 [M]. 西安：西北工业大学出版社，2005.

[46] 温熙森，徐永成，易晓山. 智能理论在 BIT 设计与故障诊断中的应用 [J]. 国防科技大学学报，1999，21（1）：97-101.

[47] 徐永成，温熙森，易晓山. 机内测试技术发展趋势分析 [J]. 测控技

术，2001，20（8）：1-4.

[48] 张宏伟，李志强，封吉平. BIT 的发展趋势 [J]. 华北工学院测试技术学报，2001，15（2）：105-108.

[49] 温熙森. 模式识别与状态监控 [M]. 北京：科学出版社，2007.

[50] 席鑫宁. 基于 DSP 的设备状态监测系统设计 [D]. 太原：中北大学，2009.

[51] 刘娟. 基于 DSP 的状态监测与故障诊断系统的研究 [D]. 西安：陕西科技大学，2007.

[52] 连可. 基于状态监测的复杂电子系统故障诊断方法研究 [D]. 成都：电子科技大学，2008.

[53] 杨光. 机电系统 BIT 传感层降虚警的理论与技术研究 [D]. 长沙：国防科技大学，2003.

[54] 王新峰. 机电系统 BIT 特征层降虚警技术研究 [D]. 长沙：国防科技大学，2005.

[55] 柳新民. 机电系统 BIT 间歇故障虚警抑制技术研究 [D]. 长沙：国防科技大学，2005.

[56] 张宝珍，曾天翔. 智能 BIT 技术 [J]. 测控技术，2001（14）：29-32.

[57] 徐永成. BIT 中智能故障诊断理论与方法研究 [D]. 长沙：国防科技大学，1999.

[58] 徐永成，温熙森，易晓山. 机内测试虚警原因分析及其解决方案 [J]. 振动、测试与诊断，2002，22（1）：37-42.

[59] 吕克洪，邱静，刘冠军. 基于时间应力分析的机内测试系统综合降虚警技术 [J]. 航空学报，2008，29（4）：1002-1006.

[60] SKORMIN V A，POPYACK L J. Reliability of flight critical system components and their “history of abuse” [C] // Aerospace and Electronics Conference，1995：376-381.

[61] HAVEY G，LOUIS S，BRUSKA S. Micro - time stress measurement

device development [R]. New York: Honeywell Inc Minneapolis MN Systems and Research Div, 1995: 1-58.

[62] SCUIIY J K. Hierarchical testing of VLSI system based on device BIT [C] // IEEE AUTOTESTCON, 1998: 203-210.

[63] DUBE M, NATISHAN M. Evaluation of built-in-test [J]. IEEE Transactions on Aerospace and Electronic Systems, 2001, 37 (1): 266-271.

[64] 孙萍. 某型雷达 BIT 综合测试系统设计与实现 [D]. 哈尔滨: 哈尔滨工程大学, 2007.

[65] 曾天翔. 综合诊断的发展及其在军用飞机上的应用 [J]. 航空科学技术, 1997 (5): 10-13.

[66] 李合平. 基于信息融合的电子装备快速故障诊断方法研究 [D]. 石家庄: 中国人民解放军军械工程学院, 2005.

[67] 孟亚锋. 电子装备智能 BIT 中故障诊断及故障趋势预测方法研究 [D]. 石家庄: 中国人民解放军军械工程学院, 2004.

[68] 徐章遂, 房立清, 王希武. 故障信息诊断原理及应用 [M]. 北京: 国防工业出版社, 2000.

[69] 胡峰, 孙国基. 过程监控技术及其应用 [M]. 北京: 国防工业出版社, 2001.

[70] 周东华, 叶银忠. 现代故障诊断与容错控制 [M]. 北京: 清华大学出版社, 2000.

[71] 甘传付. 基于信息融合的电子装备故障诊断技术研究 [D]. 石家庄: 中国人民解放军军械工程学院, 2002.

[72] 吴祈福, 侯福均, 朱心想. 运筹学与最优化方法 [M]. 北京: 机械工业出版社, 2003.

[73] 彭汝华. 基于层次分析法的电力需求侧管理研究 [D]. 重庆: 重庆大学, 2008.

[74] 秦淼. 系统电磁效应综合评估研究 [D]. 成都：电子科技大学，2008.

[75] 许树柏. 层次分析法原理 [M]. 天津：天津大学出版社，1988.

[76] 高庆，李田，魏震生. 层次分析在故障诊断中的应用 [J]. 火力与指挥控制，2006，31 (2)：59-61.

[77] 黎清海，朱新华. 基于层次分析的火控系统故障诊断专家系统 [J]. 电光与控制，2006，13 (4)：64-68.

[78] 徐钧. 机扫雷达 BIT 系统解决方案 [J]. 现代雷达，2006，28 (7)：30-32.

[79] 张宏伟，李志强，都学新. 火控雷达 BIT 设计研究 [J]. 现代雷达，2001 (4)：31-33.

[80] 肖小锋，蔡金燕，谌叶飞. 基于故障树分析的监测点选取 [J]. 计算机应用与软件，2007，24 (9)：24-25，104.

[81] DEB S，GHOSHAL S，MATHUR A，et al. Multi-signal modeling for diagnosis，FMECA，and reliability [C] // IEEE AUTOTESTCON，1998 (3)：3026-3031.

[82] DEB S，PATTIPATI K R，SHRESTHA R，et al. QSI's integrated diagnostics toolset [C] // IEEE AUTOTESTCON，1997：408-421.

[83] DEB S，PATTIPATI K R，RAGHAVAN V，et al. Multi-signal flow graphs：A novel approach for system testability analysis and fault diagnosis [C] // IEEE AUTOTESTCON，1994：361-373.

[84] 黄文虎，夏松波，刘瑞岩. 设备故障诊断原理、技术及应用 [M]. 北京：科学出版社，1996.

[85] 朱大奇. 航空电子设备故障诊断新技术研究 [D]. 南京：南京航空航天大学，2002.

[86] JUAN A，SUNE V. An algorithm to find minimal cuts of coherent fault trees with event-classes [J]. IEEE Transactions on Reliability，1999，

48 (1): 31-41.

[87] 邹明虎. 基于 VXI 总线的××雷达检测诊断系统研究 [D]. 石家庄: 中国人民解放军军械工程学院, 2004.

[88] 孙红梅, 高齐圣, 朴营国. 关于故障树分析中几种典型重要度的研究 [J]. 电子产品可靠性与环境试验, 2007, 25 (2): 39-42.

[89] 顾德君, 夏镇华, 徐采桔. 航空电子装备修理理论与技术 [M]. 北京: 国防工业出版社, 2001.

[90] 徐亨成, 张建国. 基于 BDD 技术下的故障树重要度分析 [J]. 电子机械工程, 2003 (6): 1-3, 20.

[91] 郎荣玲. 故障树转化为二元决策树的算法研究 [J]. 计算机工程与应用, 2008, 44 (27): 69-71.

[92] 闵苹, 童节娟, 奚树人. 利用二元决策图求解故障树的基本事件排序 [J]. 清华大学学报 (自然科学版), 2005, 45 (12): 1646-1649.

[93] SINNAMON R M, ANDREWS J D. New approaches to evaluating fault trees [J]. Reliability Engineering & System Safety, 1997, 58 (2): 89-96.

[94] TAKASHI H, TOSHIHIDE I. Reasoning with ordered binary decision diagrams [J]. Discrete Applied Mathematics, 2004, 142 (1): 151-163.

[95] SINNAMON R M, ANDREWS J D. Improved accuracy quantitative fault tree analysis [J]. Quality and Reliability Engineering International, 1997, 13 (5): 285-292.

[96] 张国军, 朱俊, 吴军, 等. 基于 BDD 的考虑共因失效的故障树可靠性分析 [J]. 华中科技大学学报 (自然科学版), 2007, 35 (9): 2-4.

[97] 张超, 马存宝, 宋东, 等. 基于故障树分析的航空电子系统 BIT 诊断策略设计 [J]. 计算机测量与控制, 2008, 16 (1): 12-16.

[98] PATTERSON-HINE A, HINDSON W, SANDERFER D, et al. A model-based health monitoring and diagnostic system for the UH-60 helicopter

[C] // AHS International 57th Annual Forum and Technology Display, 2001.
[99] 薛凯旋. 基于信息融合的复杂电子装备组合级 BIT 应用研究 [D]. 石家庄：中国人民解放军军械工程学院，2007.
[100] 彭培，周沫. 基于多信号模型的舰船电子装备测试性分析和评估 [J]. 舰船电子工程，2008 (10)：187-190.
[101] 林志文，贺喆，刘松风. 基于多信号模型的系统测试性分析与评估 [J]. 计算机测量与控制，2006，14 (2)：222-224.
[102] 王成刚，周晓东，彭顺堂，等. 一种基于多信号模型的测试性评估方法 [J]. 测控技术，2006，25 (10)：13-15.
[103] 杨智勇，许化龙，许爱强. 基于多信号模型的故障诊断策略设计 [J]. 计算机测量与控制，2006，14 (12)：1616-1619.
[104] 曹志伟，周晓东，王成刚，等. 基于多信号模型的电路板 TPS 开发方法研究 [J]. 计算机测量与控制，2008，16 (11)：1533-1535.
[105] 赵建军，梁翔宇，张小枫，等. 基于多信号模型的武器装备故障诊断系统设计 [J]. 电子测量技术，2008，31 (11)：103-107.
[106] 赵继承，顾宗山，吴昊，等. 雷达系统测试性设计 [J]. 雷达科学与技术，2009，7 (3)：174-179.
[107] 曾孟雄，李力，肖露，等. 智能检测控制技术及应用 [M]. 北京：电子工业出版社，2008.
[108] 安位. 国外军用自动测试设备（ATE）的发展趋势 [J]. 航空精密制造技术，1999，35 (6)：30.
[109] 曲东才. 国外军用测试技术现状及发展趋势 [J]. 国外电子测量技术，1999 (4)：4-5.
[110] 韩庆田，卢洪义，杨兴根. 军用装备测试性技术发展趋势分析 [J]. 仪器仪表学报，2006 (21)：352-354.
[111] 李云志. 虚拟仪器技术及其发展趋势 [J]. 电子科学技术评论，2005 (4)：9-12.

[112] 王泉祥，党同心，赵拥军. 现代雷达的特点及测试系统的发展方向 [J]. 空间电子技术，2005 (2)：19-23.

[113] 陈新忠. 雷达机内测试（BIT）系统的设计 [J]. 电子测量技术，2008，31 (3)：134-137.

[114] 侯其坤. 机载雷达系统的 BIT 设计 [J]. 现代雷达，2003 (11)：7-9.

[115] 赵继承，顾宗山，吴昊，等. 雷达系统测试性设计 [J]. 雷达科学与技术，2009，7 (3)：174-179.

[116] 马彦恒，王志云，胡文华，等. 雷达性能测试技术 [M]. 北京：国防工业出版社，2007.

[117] 封吉平，曾瑞，梁玉英. 微波工程基础 [M]. 北京：电子工业出版社，2002.

[118] 叶林，周宏，张洪，等. 相位差的几种测量方法与测量精度分析 [J]. 电测与仪表，2006，43 (484)：11-14.

[119] 王旭明. 雷达接收机信号相位差测试技术研究 [D]. 石家庄：中国人民解放军军械工程学院，2007.

[120] 丁鹭飞，耿富录，陈建春. 雷达原理 [M]. 北京：电子工业出版社，2009.

[121] 徐永成，温熙森，易晓山. 复杂设备 BIT 系统几种典型虚警的数学分析 [J]. 系统工程与电子技术，2001 (12)：8-11.

[122] MISRA A，SZTIPANOVITS J. A model-based failure detection，isolation and recovery system [R]. Proceedings of a Joint Conference，Mobile，Alabama，AD-A325558，1996：1-9.

[123] 胡峰，孙国基. 过程监控技术及其应用 [M]. 北京：国防工业出版社，2001.

[124] Definitions of terms for testing，measurement and diagnostics：MIL-STD-1309D [S]. 1992.

[125] 徐亨成，杨文杰. 机内测试虚警分析及控制 [J]. 国外电子测量技

术，2005（5）：39-42.

[126] 姜云春，邱静，刘冠军. 一种降低 BIT 虚警的优化方法［J］. 仪器仪表学报，2006（10）：1313-1316.

[127] CHEN J，PATTON R J. Robust model-based fault diagnosis for dynamic system［M］. London：Kluwer Academic Publishers，1999.

[128] 张超，马存宝，宋东，等. 智能机内测试研究综述［J］. 计算机测量与控制，2007，15（2）：141-144.

[129] 杨光，邱静，温熙森，等. 机电设备 BIT 虚警问题的传感层影响因素分析和数学模型分析［J］. 仪器仪表学报，2005，26（1）：82-87.

[130] 杨长全，蔡金燕. 雷达接收设备［M］. 北京：电子工业出版社，1998.

[131] 姜云春，邱静，刘冠军，等. 故障检测中一种鲁棒自适应阈值方法［J］. 宇航学报，2006，27（1）：36-40.

[132] 蔡金燕，肖小锋，梁玉英，等. 电子设备智能监测与诊断技术综述［J］. 测试技术学报，2007，19（2）：204-208.

[133] 申忠如，郭福田，丁晖. 现代测试技术与系统设计［M］. 西安：西安交通大学出版社，2006.

[134] 吕锋，王秀青，杜海莲，等. 基于信息融合技术故障诊断方法与进展［J］. 华中科技大学学报（自然科学版），2009，37（8）：217-220.

[135] 景涛. 基于信息融合技术的故障诊断方法综述［J］. 四川兵工学报，2009，30（7）：127-129.

[136] 田庆民，王玉. 利用多传感器信息融合技术实现电子装备的故障诊断［J］. 电光与控制，2008，15（1）：74-76.

[137] 赵中敏. 基于多传感器信息融合的加工过程监控［J］. 化工自动化及仪表，2008，35（3）：1-5.

[138] 薛凯旋，黄考利，连光耀，等. 基于信息融合技术的装备 BIT 故障诊断系统应用研究［J］. 计算机测量与控制，2008，16（5）：598-600.

[139] 吴仲城，戈瑜，虞承端，等. 传感器的发展方向——网络化智能传感器 [J]. 电子技术应用，2000，l27 (2)：6-8.

[140] 吴祖堂，王群书，蒋庄德. 传感器数据证实技术应用研究 [J]. 仪器仪表学报，2004，24 (5)：648-651.

[141] DORR R，KRATZ F，RAGOT J. Detection，isolation，and identification of sensor faults in nuclear power plants [J]. IEEE Transactions on Control Systems Technology，1997，5 (1)：42-60.

[142] 唐雅娟，程谋森. 涡轮试验传感器数据证实的自关联神经网络方法 [J]. 燃气涡轮试验与研究，2008，21 (2)：27-32.

[143] 唐雅娟. 发动机试验传感器数据证实的软计算方法与系统实现研究 [D]. 长沙：国防科技大学，2007.

[144] 韩崇昭，朱洪艳，段站胜，等. 多元信息融合 [M]. 北京：清华大学出版社，2006.

[145] XIANG M. On the performance od distributed neyman-person detection system [J]. IEEE Transactions on Systems，Man，Cybernetice—Part A：Systems and Humans，2001，31 (1)：78-83.

[146] BLUM R S. Necessary condition for optimum distributed sensor detectors under the neyman - pearson criterion [J]. IEEE Transactions on Information Theory，1996，42 (3)：990-994.

[147] 刘冠军，杨光，邱静，等. 传感层反馈型机内测试系统模型分析和验证 [J]. 测试技术学报，2007，21 (3)：190-194.

[148] FRY A J. Measurement validation via expected uncertainty [J]. Measurement，2001，30 (2)：171-186.

[149] YANG J，CLARKE D W. A self-validating thermocouple [J]. IEEE Transactions on Control Systems Technology，1997，5 (2)：239-253.

[150] 都基焱，胡军，张百顺. 七种恒虚警率处理方案及性能分析 [J]. 现代雷达，2004，26 (4)：47-50.

[151] 罗贤全. 参数化时频分析及频率步进 ISAR 成像技术研究 [D]. 石家庄：中国人民解放军军械工程学院，2007.

[152] 尚朝轩，罗贤全，何强. 短时高斯包络线性调频基自适应信号分解 [J]. 信号处理，2008，24（6）：917-922.

[153] 吕贵洲. 参数化时频分析及其在 ISAR 成像中的应用 [D]. 石家庄：中国人民解放军军械工程学院，2005.

[154] MIHOVILOVIC D，BRACEWELL R N. Adaptive chirplet representation of signals of time-frequency plane [J]. Electronics Letters，1991，27（13）：1159-1161.

[155] 殷勤业，倪志芳，钱世锷，等. 自适应旋转投影分解法 [J]. 电子学报，1997，25（4）：52-58.

[156] 罗贤全，尚朝轩，何强，等. 参数化时频分析的匀加速旋转目标 ISAR 成像 [J]. 火力与指挥控制，2008，33（7）：100-103.

[157] 冯爱刚，殷勤业，吕利. 基于 Gauss 包络 Chirplet 自适应信号分解的快速算法 [J]. 自然科学进展，2002，12（9）：982-988.

[158] YIN Q，QIAN H，FENG A. A fast refinement for adaptive gaussian chirplet decomposition [J]. IEEE Transactions on Signal Processing，2002，50（6）：1298-1306.

[159] MALLAT S G，ZHANG Z F. Matching pursuit with time frequency dictionaries [J]. IEEE Transactions on Signal Processing，1993，41（12）：3397-3415.

[160] QIAN S，CHEN D. Signal representation using adaptive normalized gaussian functions [J]. IEEE Transactions on Signal Processing，1994，36（1）：1-11.

[161] MANN S，HAYKIN S. The chirplet transform：A generalization of Gabor's logon transform [C] // Vision Interface，1991（91）：205-212.

[162] 蔡洪. 频率步进 ISAR 自适应信号分析及目标识别研究 [D]. 石家

庄：中国人民解放军军械工程学院，2010.

[163] 赵树杰，赵建勋. 信号检测与估计理论 [M]. 北京：清华大学出版社，2005.

[164] 吕贵洲，何强，魏震生. 基于优化初值选择的自适应高斯包络线性调频基信号分解 [J]. 信号处理，2006，22 (4)：506-510.

[165] MIRJALILY G，LUO Z Q，DAVIDSON T N，et al. Blind adaptive decision fusion for distributed detection [J]. IEEE Transactions on Aerospace and Electronic Systems，2003，39 (1)：34-52.

[166] 蒋超利，吴旭升，高嵬，等. 机内测试技术与虚警抑制策略研究综述 [J]. 计算机测量与控制，2018，26 (11)：1-6.

[167] 谢永成，董今朝，李光升，等. 机内测试技术综述 [J]. 计算机测量与控制，2013，21 (3)：550-553.

[168] 赵志傲. 系统级 BIT 防虚警技术研究 [D]. 长沙：国防科学技术大学，2012.